BEI GRIN MACHT SICH IHR WISSEN BEZAHLT

- Wir veröffentlichen Ihre Hausarbeit, Bachelor- und Masterarbeit

- Ihr eigenes eBook und Buch - weltweit in allen wichtigen Shops

- Verdienen Sie an jedem Verkauf

Jetzt bei www.GRIN.com hochladen und kostenlos publizieren

Martin Eder

Zusammenfassung des Buches "Geographiedidaktik. Grundriss Allgemeine Geographie" von Gisbert Rinsche-de

GRIN Verlag

Bibliografische Information der Deutschen Nationalbibliothek:

Die Deutsche Bibliothek verzeichnet diese Publikation in der Deutschen National-
bibliografie; detaillierte bibliografische Daten sind im Internet über http://dnb.d-
nb.de/ abrufbar.

Impressum:

Copyright © 2015 GRIN Verlag, Open Publishing GmbH
Druck und Bindung: Books on Demand GmbH, Norderstedt Germany
ISBN: 978-3-668-00766-6

Dieses Buch bei GRIN:

http://www.grin.com/de/e-book/301719/zusammenfassung-des-buches-geographie-
didaktik-grundriss-allgemeine-geographie

Zusammenfassung von

Rinschede, G. (2007): *Geographiedidaktik Grundriss Allgemeine Geographie*. **Paderborn.**

Inhaltsverzeichnis

1

1. Geographiedidaktische Grundlagen des Geographieunterrichts

1.1 Definition und Standort des Geographiedidaktik

- **Definition Geographiedidaktik:**
  Wissenschaft von der adressatenbezogenen Auswahl und Anordnung von Inhalten, die räumlich bestimmbar und raumwirksam sind, und ihrer optimalen Vermittlung in die Verständnisebene des Adressaten (Böhn) – zum Zweck des besseren Raumverhaltens.
- Geographiedidaktik hat eine Brückenfunktion zwischen dem Fach Geographie und der Allgemeinen Didaktik, wobei die wissenschaftlich fundierte Verknüpfung beider Bereiche als eine geographiedidaktische Aufgabe beschrieben wird.
  → Geographiedidaktik steht in einem Spannungsfeld zwischen Erziehungswissenschaften (Allgemeine Didaktik, Pädagogische Psychologie) und Fachwissenschaft Geographie
- **Definition Planungsdidaktik:**
  Hat die Aufgabe der zielorientierten Aufbereitung und Vermittlung von Maßnahmen der Raumplanung und deren Abläufen und Bedingungen in die Verständnisebene des Abnehmers der Planung (z.B. Stadträte, Interessierte). (Wieczorek)
  → Geographiedidaktik muss auch an andere Lernorten/ -medien berücksichtigt werden (z.B. Massenmedien, Veranstaltungen an Hochschulen, Bücher etc.)

1.2 Entwicklung der Geographiedidaktik

- Einteilung der wichtigsten zeitlichen Einschnitte der Geschichte der Geographiedidaktik nach Böhn:
  - Von der Einführung des Schulfachs Geographie bis zu Beginn der 70er Jahre
    - Vorwiegend Beschäftigung mit methodischen Fragen → Fachmethodik
    - Inhalt war v. a. die Länderkunde und wurde von gesellschaftlichen Entwicklung bestimmt (deutsches Vaterland; Völkische Erdkunde)
  - Der Umbruch von der Länderkunde zur lernzielorientierten Allgemeinen Geographie zu Beginn der 70er Jahre
    - Bildungsreform der 70er Jahre: Zusätzlich zur Methodenlehre ging es nun zusätzlich um eine begründete Auswahl und Anordnung von Inhalten für den Geographieunterricht
  - Die Differenzierung von Zielen, Inhalten und Methoden seit den 70er Jahren
    - Änderung der geographiedidaktischen Leitvorstellungen:
      - 60er Jahre: Auseinandersetzung mit der Erde als Raum
      - 70er und 80er Jahre: Inwertsetzung der Erde
      - 90er Jahre: Bewahrung der Erde
      - 2000: Überleben der Menschheit mit dem Blick auf global ökonomische Disparitäten, v. a. in den Industriestaaten

1.3 Aufgaben der Geographiedidaktik für den Geographieunterricht

1.3.1 Allgemeine Aufgaben der Geographiedidaktik im Bereich der Bezugswissenschaften

- Vermittlung zwischen der Fachwissenschaft **Geographie und der Schulpraxis**
  → didaktische Reduktion: wissenschaftliche Verluste sind beim Informationstransport unvermeidbar, sollten aber bewusst und damit vertretbar einkalkuliert werden
- Berücksichtigung der inhaltsbestimmten **Einfluss der Gesellschaft**

→ S sollen das erworbene Wissen nicht nur speichern und geographische Zusammenhänge erkennen, sondern auch die gesellschaftspolitischen Hintergründe aufdecken sowie selbstständig und verantwortlich handeln

- Konkretisierung der fachübergreifenden Aussagen der **Allgemeinen Didaktik** für die
  speziellen Anforderungen des Geographieunterrichts
- **Rückmeldung** der Geographiedidaktik an die allgemeine Didaktik: Sind die Methoden
  umsetzbar?
- **Wechselwirkungsverhältnis** zwischen Fachwissenschaft, Allgemeiner Didaktik und
  Fachdidaktik, jeweils einem speziellen Aufgabenfeld verpflichtet

1.3.2 Aufgaben der Geographiedidaktik auf den Ebenen der Unterrichtsplanung, -analyse und –evaluation

- Grundfragen und wesentliche Aufgabenbereiche (die Grundfragen stehen in Wechselbeziehung zueinander und helfen in möglichst vielen Bereichen des Unterrichts rationale
  und wissenschaftliche begründete Entscheidungen zu fällen):
  - Zielfragen: **Wozu** soll unterrichtet werden?
    - Auseinandersetzung mit den Zielen des Geographieunterrichts (Lehrplan:
      regulative Ziele und Richtziele)
    - Auswählen von verschiedenen Lernbereichen und operationalisierten
      Lernzielen
  - Inhaltsfragen: **Warum** soll **Was** unterrichtet werden?
    - Auswahl, Begründung und Anordnung geographischer Unterrichtsinhalte
      in Abhängigkeit von den Zielen
    - Inhalte werden aus Geographie entnommen, von Erziehungswissenschaf-
      ten gefordert, von der Gesellschaft gewünscht oder von der Schulverwal-
      tung vorgegeben
  - Milieufragen: **Wo** wird unterrichtet?
    - Situationsanalyse: sozialpsychologische Voraussetzungen
  - Adressatenfragen: **Für wen** wird unterrichtet?
    - Analyse der spezifischen Lernvoraussetzungen des Schülers (Interessen,
      lernpsychologische Gegebenheiten, etc.)
  - Personalfragen: **Wer** unterrichtet?
    - Lehrer muss nötige Qualifikationen mitbringen
  - Teilzielfragen: **Was** soll im Einzelnen erreicht werden?
    - Operationalisierung der Feinziele
  - Methodenfragen: **Wie** soll unterrichtet werden?
    - Analyse und Verbesserung der Lehr- und Lernmethoden
  - Medienfragen: **Womit** soll unterrichtet werden?
    - Effizienz des Einsatzes von verschiedenen Medien
  - Zeitfragen: **Wann, Wie lange,** und **In welcher Abfolge** soll unterrichtet werden?
    - Zeitpunkt, Dauer und zeitliche Abfolge des Unterrichts müssen beachtet
      werden, v. a. auch beim Einsatz von Medien
  - Evaluationsfragen: **Welche Kontrollen**/ Wie wird der Unterricht kontrolliert?
    - Unterrichtserfolg/Lernleistung der S sollen kontrolliert & bewertet werden

1.4 Forschungen in der Geographiedidaktik

- Ausgewählte Schwerpunktgebiete geographischer Forschung (Haubrich & Köck):

- o Grundlagenforschung:
    - Beschäftigung mit „allgemeine Phänomenen" ohne direkten Bezug auf die didaktische Relevanz für den Unterricht zu nehmen (z.B. Interessen, Entwicklung des Raumverständnisses, etc.)
- o Angewandte Forschung:
    - Praxisorientierte Erforschung der verschiedenen Momente und Faktoren des geographischen Lernprozesses
- o Aktionsforschung:
    - Forschungsrichtung, bei der sich Forscher und Praktiker in einer pädagogischen Situation zusammentun, beide die Situation reflektieren und sofort nach ihren Erkenntnissen handeln (z.B. Umwelterziehung)
- o Empirisch- analytische Forschung:
    - Beruht auf Theorien und Methoden der Erfahrungswissenschaft
- o Hermeneutische Forschung:
    - Verstehen im Sinne der Interpretation des subjektiv Wahrgenommen und von Texten
    - Das Verfahren ist hypothetisch und bedarf deshalb der empirisch-analytischen Nachprüfung
- o Qualitative Forschung:
    - Ausrichtung auf Ideen und Strukturen ohne diese quantifizieren zu wollen
- o Quantitative Forschung:
    - Statistische, mathematische Forschungsmethoden
- **3 Aufgabenbereiche** geographiedidaktischer Forschung:
    - o **Ziele und Inhalte geographischen Unterrichts und ihre Strukturierung**
        - Normative Ausrichtung der Forschung → Suche nach Antworten auf gesellschaftliche Herausforderungen der Geschichte (z.B. Ideologien)
        - Betonung methodischer Fähigkeiten, die durch handlungs-, schüler- und zukunftorientierten Geographieunterricht erreicht werden können, auf Grund zunehmender Verfallsgeschwindigkeit des Wissens
        - Empirische Grundlagenforschung als Basis für eine wissenschaftlich begründete Curriculumskonstruktion
          → Begründete Empfehlungen über Ziele, Inhalte, Aufbau, optimale Effizienz
          → Um eine bestimmtes Ziel zu erreichen, müssen geeignete inhaltliche Bausteine gefunden werden, die mit verschiedenen Mitteln im Unterricht zu behandeln sind
    - o **Planung, Durchführung und Evaluation des Geographieunterrichts**
        - Muss empirisch fundiert sein
        - Die besten Ergebnisse durch Aufgliederung des komplexen Unterrichtgeschehens in Teilaspekte (z.B. unterschiedliche Unterrichtsmethoden/ -medien, verschiedene Formen der Lernkontrolle und Leistungsbewertung)
        - Meiste Effizienz durch handlungsorientierten Unterricht

    - o **Gesellschaftliche Rahmenbedingungen und Voraussetzungen für Handlungsmöglichkeiten von S und L im GeoU**

- Untersuchungen von geographischen Kenntnissen, Interessen und Einstellungen der Schüler
- Schulbuchanalysen/-evaluationen zur Ermittlung vorurteilsbehafteter Darstellungen fremder Kulturen/Regionen → Verbesserung der Schulbücher
- Empirische Untersuchungen zur Stellung der Geographie und der Öffentlichkeit → Verbesserung der Lage des Geographieunterrichts, Stärkung
  des Selbstwertgefühls der Lehrer

1.5 Bedeutung der Geographiedidaktik für die Fachwissenschaft

- Geographiedidaktik ist auf den von der Fachwissenschaft bereitgestellten Fundus an
  gesicherten geographischen Erkenntnissen angewiesen
- Wissenschaftliche Geographie ist auf die von der Geographiedidaktik zur Verfügung gestellten Fragestellungen und Kriterien angewiesen; außerdem kann die Geographiedidaktik Hilfestellung bei der Einordnung geographischer Erkenntnisse in gesellschaftliche Zusammenhänge leisten
- In Lehrplänen sollten die wichtigsten Teilbereiche der Allgemeinen Geographie und der
  Regionalen Geographie berücksichtigt werden

1.6 Neuere Entwicklungstendenzen innerhalb der Geographiedidaktik

- Seit Anfang der 90er Jahre gibt es eine Reihe von Fragestellungen, die in der Geographiedidaktik stark diskutiert werden und in der Lehrplan- und Unterrichtsgestaltung ihren
  Niederschlag finden:
- <u>Zielfragen (Wozu?):</u>
  - Vermittlung von **Schlüsselqualifikationen**:
    - in Geographie v. a. Entwicklung der Raumverhaltenskompetenz (d.h. Be-
      fähigung und Erziehung zu kompetentem, raumbezogenem Verhalten in
      der Welt)
    - starke Orientierung auf die Gegenwarts- und Zukunftsaufgaben der Schü-
      ler von heute (auch im Lehrplan)
    - → Vermittlung von Sach-, Methoden-, Sozial-, Gefühls-, Handlungskompetenz
  - Berücksichtigung der **Umwelterziehung** im Geographieunterricht:
    - Leitbild der „nachhaltigen Entwicklung"
  - **Interkulturelles Lernen:**
    - Förderung des Verständnisses für fremdkulturelle Orientierungssysteme
      und Reflektion des eigenen Orientierungssystems
  - **Globales Lernen und Bewahrung der Erde:**
    - Berücksichtigung der wachsenden, weltweiten Zusammenhänge („Eine-
      Welt-Idee")
  - **Werteerziehung im Geographieunterricht**
    - Bildungsziele, die die Inhalte des Geographieunterrichts bestimmen, sind:
      - Humanistische Werte (z.B. Völkerverständigung)
      - Kritisch-emanzipatorische Werte (z.B. Mündigkeit)
      - Ökologische Werte (z.B. Naturbewahrung)
      - Religiöse Werte (z.B. Ehrfurcht vor der Schöpfung)
      - Politische Werte (z.B. Demokratie)

- Inhaltsfragen:
  - **Stellung der Allgemeinen und Regionalen Geographie**
    - Stärkung der regionalen Komponente v. a. in Bayern
    - Ideal: regional/global thematischer Ansatz
  - **Regionale Differenzierung**
    - Differenzierung der Erde in geographische Lehrpläne nach verschiedenen Kriterien ist problematisch
    - Differenzierung nach Entwicklungsstand, nach Kulturmerkmalen, nach der Gemeinsamkeit als inhaltlicher Lebensraum aller Menschen
  - **Wiederentdeckung des Heimatraums**
    - Heimatraum ist der geographische Erlebnis- und Handlungsraum der SS
    - Wichtiger Bezugsraum im Rahmen des räumlichen Transfers, in dem Nahes und Fernes stärker miteinander verglichen wird
  - **Europa:**
    - Europäische Integration: Europa soll als Ganzes behandelt werden mit regionaler Differenzierung
    - Jeder einzelne allgemeingeographische Themenbereich soll durch die europäische Dimension ergänzt werden
  - **Geowissenschaften:**
    - Forderung nach einem stärkeren Verständnis der physiogeographischen Strukturen und Prozesse
      → Impuls zur Stärkung durch die „Leipziger Erklärung zur Bedeutung der Geowissenschaften in Lehrerbildung und Schule"
- Adressaten/Milieufragen:
  - Veränderte Kindheit: S sind selbstständiger, aufgeschlossener, deutlich interessierter und informierter -> wollen U selbstbewusst, aktiv und ideenreich mitgestalten → offener Unterricht, außerschulische Lernorte, Handlungsorientierung
- Methodenfragen:
  - Fächerkooperation:
    - Geographie kann und darf nicht isoliert unterricht werden, denn die Welt und das Leben sind nicht durch Fächer unterteilt
    - Im Lehrplan kann Fächerkooperation durch Verknüpfungshinweise zu anderen Fächern deutlich aufgezeigt werden → Projekte
  - Perspektivenwechsel:
    - Behandlung eines Themas, Problems etc. nicht nur aus einer Perspektive (z.B. Tourismus: Reisende vs. Bereiste)
  - Postmoderne:
    - Setzt an die Stelle der einen, allgemeingültigen Wahrheit der Wissenschaft eine Pluralität und Vielperspektivität
    - individuelle Lebenserfahrung und persönliche Lebenswelt im Mittelpunkt
      → Wiederentdeckung der Sinne, neue Verknüpfung von Rationalität und Emotionalität, von Verstand und Gefühl
      → ästhetische Bildung/Erziehung

- <u>Medienfragen:</u>
  - o S werden außerhalb der Schule mit neuen Technologien konfrontiert
    → bereits im Lehrplan müssen neue Medien verankert sein, damit S einen kompetenten, kritischen und verantwortungsbewussten Umgang mit diesen lernen

2. Allgemeindidaktische Grundlagen des Geographieunterrichts

2.1 Didaktische Modelle und Geographieunterricht

2.1.1 Merkmale und Funktionen didaktischer Modelle

- Didaktische Modelle = erziehungswissenschaftliches Theoriegebäude zur Analyse/Modellierung didaktischen Handelns
- Versuch, Erscheinungsformen / Bedingungsfaktoren von U zu erklären und zu systematisieren → formulieren gleichzeitig Handlungskonsequenzen für die U-Planung, -durchführug, -analyse
- **Merkmale** (EIN Strukturmodell kann nicht alle Aspekte didaktischen Handelns erfassen):
  - o **Reduktion**: nicht alle Eigenschaften werden in Realität abgebildet, sondern vereinfachen und veranschaulichen
  - o **Akzentuierung**: betonen nur einen best. Aspekt der Wirklichkeit, weil gesamte Wirklichkeit in allen Dimensionen nicht fassbar ist
  - o **Transparenz**: durch Red. und Akz. wird Transparenz erhöht, v.a. für U-Planung und –Analyse
  - o **Perspektivität**: Modelle sind Perspektiven best. Menschen (deren Fragen und Interessen werden dargestellt)
  - o **Produktivität**: stellen immer neue Fragen, geben Anregungen zur Konzeption neuer Modelle
- Didaktische Modelle = Feiertagsdidaktiken, weil bei der U-Planung vieler L nicht zu Rate gezogen, jedoch bei einigen L nach Studium stets als „Idealvorstellung" im Gedächtnis geblieben
- Praxis: Didaktische Modelle haben entscheidende Bedeutung; Funktionen:
  - o Strukturierung
  - o Veranschaulichung der zentralen Faktoren
  - o Systematische Planung und Gestaltung
  - o Bedingungszusammenhänge zw. L & S
  - o Auswirkungen des Verhaltens von L & S

- Verwendung mehrerer Modelle oft nicht möglich: Eigengesetzlichkeiten der einzelnen Modelle
- Schwerpunkte der wichtigsten Modelle → Auswirkungen auf den GeoU
- Inhaltlich: **Leitbegriffe**, denen die einzelnen Strömungen zugeordnet werden können:
  - **Bildung**: bildungstheoretische Did+Weiterentwicklung zur kritisch -konstruktiven Did
  - **Lernen**: Lehr-/lerntheoretische Did., Lernzielorientierte Did., Konstruktivistische Did., Kybernetisch-Informationstheoretische Did.
  - **Interaktion**: Kritisch-kommunikative Did.

2.1.2 Bildungstheoretische / kritisch-konstruktive Didaktik

- In den 50er Jahren vertreten, in den 80er Jahren weiterentwickelt (durch Klafki)
- Mensch wird in seiner bildenden Tätigkeit gesehen
- Ziel = wertvolle, gebildete Persönlichkeit

Bildungstheoretische Didaktik**:**

- Von E. Weniger und W. Klafki erfunden, „**kategoriale Bildung**" (= Mensch ist in der Lage, durch Erkenntnis geprüfte Aussagen zu machen und dank der selbstvollzogenen kategorialen Einsichten, Erfahrungen etc. für diese Wirklichkeit offen ist) wird zum Grundanliegen
- Doppelseitiges Erschließen: Sichtbarwerden von allgem. Inhalten auf der objektiven Seite und Aufgehen allgem. Einsichten auf der subjektiven Seite
- Zentraler Bezugspunkt jeder U-Planung = didaktische Analyse: L soll erklären, ob U-Inhalt geeignet ist, damit S Inhalte der Wirklichkeit erschließen können und S für diese Inhalte empfänglich zu machen
- Dazu: **5 didaktische Grundfragen**: Exemplarität, Gegenwartsbedeutung, Zukunftsbedeutung, Struktur, Zugänglichkeit
- Aber: nur unzureichende Orientierung zur methodischen Planung des U

Kritisch-konstruktive Didaktik:

- „**kritisch**": Ziel = den Jugendlichen zu wachsender Selbstbestimmungs-, Mitbestimmungs- und Solidaritätsfähigkeit zu verhelfen; gleichzeitig versteht man, dass Wirklichkeit diesem Ziel vielfach nicht entspricht
- „**konstruktiv**": durchgehenden Praxisbezug auf das Handlungs-, Gestaltungs-, und Veränderungsinteresse
- Inhalte von „Bildung" = Friedensfragen, Umweltfrage, Entwicklungsländer, Ungleichheiten, informationstechnische Gefahren und Möglichkeiten
- Deshalb: heute noch fundierte Didaktik
- Klafki: Didaktik = Theorie vom U → alle U-Konstituenten sind unter „Didaktik" vereint
- Kritisch-konstruktive Didaktik: systematisch, beschreibet Problem der U-Vorbereitung
- Aber: hoher Abstraktionsgrad (→ muss von L mit konkreten Inhalten aufgefüllt werden), vom L in der Praxis (nach der Ausbildung) nur noch selten angewandt

2.1.3 Lehr-/ Lerntheoretische Didaktik

- Deutlicher Entwicklungsprozess vom Berliner Modell 1965 (*Heimann, Otto, Schulz*) zum Hamburger Modell 1980 (*Schulz*)

Berliner Modell (= lerntheoretisches Modell)

- Weg vom Bildungstheoretischen Modell → Zentrum = Leitbegriff Lernen

- Alle im U wirksamen Strukturmomente wissenschaftlicher Kontrolle unterwerfen →
  Checkliste der Elemente, die U beeinflussen & deshalb bei der Planung berücksichtigt
  werden müssen
- Unterscheidung zw. Anthropologisch-psychologisches Bedingungsfeld vs. Soziokulturelle
  Voraussetzungen
- **Bedingungsfelder** = Gegebenheiten, die in persönlicher und soziokultureller Hinsicht
  von allen Beteiligten in U-Planung eingebracht werden → beschreiben Adressatengrup-
  pe; beschreiben die Dimensionen, die L bei U-Planung berücksichtigen muss
  - **Intentionalität des U**: konkrete Formulierung der Stundenziele und Teilziele
  - **Thematik des U**: Inhalte, die zu bestimmten Zielen führen (und andersrum: Ziele,
    denen best. Inhalte vorhergehen müssen)
  - **Methoden**: konsensfähige Entscheidungen bzgl. der im U verwendeten Methoden
  - **Medien**: zunehmende Bedeutung, v. a. für GeoU sinnvoll, Medien und Methoden sind
    eng miteinander verbunden

Hamburger Modell

* S sollen stärker in Planung miteinbezogen werden
* Ausweitung des Modells durch Leitziele (= Kompetenz, Autonome, Solidarität, Sach-, Gefühls-, Sozialerfahrung)
* Mittelpunkt = Systematik der **Strukturmomente des didaktischen Handelns**
  o **Unterrichtsziele** (UZ) = was soll gelehrt / gelernt werden?
  o **Ausgangslage** (AL) = wer lernt hier was? Von wem belehrt?
  o **Vermittlungsvariablen** (VV) = Auf welche Weise (welche Medien und Methoden)?
  o **Erfolgskontrolle** (EK) = Wie stelle ich fest, ob U erfolgreich war?
  → Implikationszusammenhang aller Elemente (siehe S. 43)
* Bedingungen (die 2 Ringe): innerer Ring = institutionellen Bed. (Vorgaben der Lehrpläne, Fachkonferenzen, U-Organisation, Technische Ausstattung, Zusammensetzung der Lerngruppe); äußerer Ring = gesellschaftlichen Bed. (Produktions- und Herrschaftsver-hältnisse, Selbst- und Weltverständnis schulbezogenen Handelns)
* Vier zeitlichen Ebenen:
  o **Perspektivenplanung**: U wird über längeren Zeitraum hin geordnet → Abfolge von U-Reihen
  o **Umrissplanung**: Planung einer U-Reihe, aus mehreren U-Einheiten zusammen-gesetzt
  o **Prozessplanung**: zeitliche Abfolge der U-Schritte, welche Kommunikations- und Arbeitsformen (= alltägliche U-Planung)
  o **Planungskorrektur**: reagiert während U auf nicht vorhergesehene Entwicklungen
* Im GeoU auf allen Ebenen etabliert, Elemente des Berliner Modells fester Bestandteil der U-Planung, Zeitliche Planungsebenen des Hamburger Modell finden sich in Richt -, Grob - und Feinzielen wieder

2.1.4 Kybernetisch-Informationstheoretische Didaktik:

* Ziele und Inhalte = Sollgrößen → Regelkreismodell
* Soll-Wert = Lehrziel; L = Regler, der eine best. Lehrstrategie zur Erreichung des Soll-Werts verfolgt
* Stellglieder = personale oder technische Medien
* Regelobjekt = Adressat, auf den Störgrößen von innen und außen einwirken können
* Messfühler = Lernkontrollen
* Ist-Wert = Ergebnis der Lernkontrollen, mit Soll-Wert zu vergleichen
* Lehr- und Lernprozesse verlaufen nicht geradlinig auf das gesetzte Ziel zu, sondern mit Hilfe einer Steuerung durch Rückkopplung
* Planung des U mit informationstechnischen Medien in 5 Schritten: Zielplanung, Strate-gieplanung, Medienplanung, Kontrollplanung, Verlaufsplanung
* *F.v. Cube* 1999: Verwendung dieser Methode trägt zur Präzisierung und Optimierung von Lernstrategien bei; Besonders erfolgsversprechend: Anwendung im Bereich der Medien-didaktik
* Kybernetische Didaktik: in Industrie/Bundeswehr häufig gebracht, in der Schule selten

2.1.5 Lernzielorientierte Didaktik

* Besonderheit dieses Modells: folgende **Voraussetzungen** kommen zum Tragen:
  o L muss bei U-Gestaltung Ziele eigenständig erstellen
  o Medium zum Erreichen des Ziels muss gesucht werden

- o Eindeutige Zielbeschreibung
- o Methodenwahl muss angegeben werden
- o Erfolgsbestimmung nur anhand der Ziele
- „präskriptiver" Ansatz; **Funktion** = Handlungsweisen für Planung, Durchführung und Analyse zu geben
- Anregungen werden aus der behavioristischen Theorie übernommen → beobachtbares Verhalten bietet Basis für empirische Untersuchungen
- **Vorteile**: Transparenz, Kontrollierbarkeit, Beteiligung der Betroffenen, Effizienz
- Vorteile gibt es allerdings nur insoweit, dass U erwünscht Verhaltensweisen schafft, weniger allerdings Verhaltensweisen im Sinne der Persönlichkeitsbildung schaffen soll
- Für Funktion des L als Organisator → gut für inhaltliche Zielerreichung, schlecht für Persönlichkeitsentwicklung

2.1.6 Kritisch-kommunikative Didaktik

- Bezieht sich auf Paradigmen der Kommunikations- und Interaktionstheorie
- Ziel: U-Praxis schaffen, deren Kommunikationsprozesse emanzipatorische Prozesse sind
- **„Kritisch"**, weil das Modell die vorhandene Wirklichkeit (= Ist-Werte unserer Gesellschaft) hinterfragt und ständig zu verbessern versucht
- R. Winkel 1999 :fügt kommunikativem Ansatz die kritische Komponente hinzu
- **„Kommunikativ"**, weil
  - o U als kommunikativer Prozess angesehen wird, der durch viele Faktoren gekennzeichnet ist (Permanenz der Kommunikation, die Ökonomie, die Beziehungsebenen, die Regeln, etc.)
  - o Sieht Kommunikation nicht als gegeben an, sondern fordert Schülerorientierung, Transparenz, Mit- und Selbstbestimmungsrecht, Störungsarmut, etc.
- Grundlegende Bedeutung: Grundraster des U, **Vierfache Akzentuierung des U:**
  - o **Vermittlungsaspekt**: alle lehrenden und lernenden Verfahren der Sachauseinandersetzung (Medien, Methoden, Gliederung, …)
  - o **Inhaltsaspekt**: das, was im U behandelt wird
  - o **Beziehungsstrukturen**: Interaktion zw. S und L, zw. S und S, Auflösung des Frontalunterrichts, Förderung des selbstgesteuerten Lernens, Teamfähigkeit (wichtig dabei: Metakommunikation, als Kommunikation über die Kommunikation, zw. S und L)
  - o **Störfaktionale Gesichtspunkte**: Störungsarten (Disziplin, Provokation, Lernverweigerung, neurotische Störungen), Störungsrichtung, -folgen, -ursachen
- **Vorteil**: komplexe Praxis besser zu verstehen, da zwischenmenschliche Kommunikation im Zentrum; Verbesserung der kommunikativen Fähigkeit ist wichtiges Richtziel

2.1.7 Konstruktivistische Didaktik

- Konstruktivismus: Lernen = eigene Konstruktionsleistung des Lernenden
- Ausgangspunkt = **radikaler Konstruktivismus**: direkte Erfassung der Wirklichkeit ist nicht möglich; Erkenntnis erfolgt subjektiv in den Köpfen der Individuen → eigene Realität
- Gegenübergestellt: objektive Realität, objektive Erkenntnis dieser Realität ist nicht möglich → als Grundlage für Lehre und Didaktik abgelehnt!
- Relevanter dagegen: sozialer Konstruktivismus: Konstruktionen entstehen nicht individuell, sondern in sozialen Gefügen, U = gemeinsames Entstehen von Wissen

- **Moderater /gemäßigter Konstruktivismus** = größerer Einfluss der objektiven Umwelt, lässt auch Instruktion zu; L = Wegbereiter des Lernens
- Insgesamt: S in konstruktivistischer Didaktik: nicht passive Rezipienten, sondern aktiv Lernende mit zunehmender Fähigkeit, Lernen selbst zu Planen, Organisieren, Durchzuführen und zu Bewerten
- Grundpfeiler der U-Methodik = Methodenvielfalt, Individualisierung, Differenzierung, Handlungsorientierung → nicht neu: Reformpädagogik (Dewey, Kerschensteiner, …)

Zusammenfassung:
- Lehr-/lerntheoretische Ansatz hat wegen praktischer Umsetzbarkeit den meisten Zuspruch gefunden
- Bildungstheoretische Modell hatte Einfluss auf die Auswahl der Inhalte des GeoU und der didaktischen Analyse
- Lernzielorientierter Ansatz: Aufstellen verbindlicher Ziel und deren Erfüllung
- Kybernetisch-informationstechnischer Ansatz: an Bedeutung verloren, evt. Wiederbelebung im PC-Zeitalter
- Kritisch-kommunikativer Ansatz: noch nicht zu beurteilen, inwieweit als Grundlage für die Auseinandersetzung mit negativen Schulaspekten geeignet
- Moderate-konstruktivistische Didaktik: betont Eigenanteil der S beim Lernprozess

2.2 Didaktische Prinzipien im Geographieunterricht

2.2.1 Begriff und Klassifikation von U-Prinzipien

- Unterschiedliche didaktische Modelle → unterschiedliche Prinzipien
- U-Prinzipien = regulative Grundsätze zur optimalen Auswahl, Anordnung, Vermittlung von den Inhalten des U
- Systematik von Prinzipien im GeoU→ Unterteilung in

Didaktische Prinzipien	**Methodische Prinzipien**
(= Fundierte Prinzipien)	(= Regulierende Prinzipien)
Zielorientierung (Wert-. Relevanz-	Realbegegnung
Zukunfts- & Verhaltensorientierung)	Anschauung
S-Orientierung	Heimat / Nahraum
Wissenschaftsorientierung	Selbstständigkeit
Exemplarische Orientierung	und dergleichen mehr ☺ (S. 52)

- Alle Unterrichtsprinzipien stehen in gegenseitiger Abhängigkeit voneinander
- Im Folgenden: einige Didaktische Prinzipien, die besonders wichtig sind!

2.2.2 Zielorientierung (Wert-, Relevanz-, Zukunfts-, Verhaltensorientierung

- Eines der wichtigsten Prinzipien, unverzichtbar für U-Planung
- **Zielgerichtetheit**: U als absichtsvolles Handeln muss Ziel haben
- **Zielklarheit**: L muss sich dieses Ziel gut überlegen
- **Zielgemäßheit**: U-Aufbau und Einzelmaßnahmen dürfen Ziel nicht widersprechen
- **Zielangabe**: S soll Ziel bekannt sein, so weit wie möglich bei Aufstellung mitwirken
- Letzten 3 Ebenen bestimmen Entscheidungen über Ziel und Inhalt der U-Einheit und über Methodik (ausgerichtet nach Leit- und Richtzielen)
- Obersten Ziele: von Eltern, Gesellschaft und Lernenden bestimmt (wichtig für die Erstellung von Lehrplänen)

- **Teilbereiche** des übergeordneten didaktischen Prinzips der Zielorientierung = Wert-, Relevanz-, Zukunfts-, Verhaltensorientierung
  o Wertorientierung: Ausrichtung der Ziele des U auf die Werte des Menschen
  o Relevanzorientierung: Ausrichtung des U auf im Hinblick auf das Leben des Menschen relevant (sinnvoll) erscheinendem Etwas (Werte, Normen, Vorstellungen, etc.)
  o Zukunftsorientierung: S soll durch Lernen befähigt werden, Zukunft zu bewältigen, Einsichten in die Lebenspraxis
  o Verhaltensorientierung: Ziel des U soll auf verhaltensbezogene Qualifikationen hinarbeiten
- Wichtigstes Ziel im GeoU: Raumverhaltenskompetenz: aktionale Lernziele im U → aber: liegt in weiter Ferne, deshalb: keine Schritte!

2.2.3 Schülerorientierung

- Viele andere Begriffe in der Literatur gängig, die aber oft nur Teilbereich ausmachen: Angemessenheit, Kindgemäßheit, Altersgemäßheit, …
- **Schülerorientierung** = Bezogenheit des U auf best. Lerngruppe / auf einzelnen S
- Lernen soll Lernbereitschaft und Lernmöglichkeiten der S entsprechen:
  o U am entwicklungspsychologischen Durchschnitt der Klasse orientiert (didaktische Reduktion, Individualisierung, Differenzierung)
  o Idealfall aus lernpsychologischer Sicht: S nicht über- oder unterfordern, sondern gerade noch machbar sein (= mittlerer Schwierigkeitsgrad; vom Nahen zum Fernen etc.)
  o Berücksichtigung der soziokulturellen Situation der S (z. B. Herkunft, Religion)
  o Wissensstand / Fähigkeitsentfaltung: bisheriges Wissen wird in U-Planung einbezogen
  o Interessenslagen: Beobachtungen, Rücksprachen, Empirie
  o Rücksichtsnahme auf Gefühlslage und Belastbarkeit: bei U-Planung Rücksicht auf Gefühle oder Einstellungen der S zu Konflikten beachten
  o Möglichkeit der Mitbestimmung: v. a. bei offenen U-Methoden (z. B. Projekt)
- Zielauswahl und Inhaltsbestimmung: im Bezug auf Interessen und Bedürfnisse der S, Dominanz der Gegenwartsbedeutung
- Methodengestaltung: Vielfalt von Möglichkeiten, Schülerorientierung zu entsprechen:
  o Thematisierung / Problematisierung für den einzelnen S
  o Ermunterung der S, eigene Vorgehensweisen zu realisieren
  o Berücksichtigung individueller Geschwindigkeiten / Schwierigkeitsgrad
  o Neigungen der S
  o Kommunikation und Metakommunikation
- **Grenzen** der Schülerorientierung: Leistungsdruck, überfüllte Lehrpläne, zu große Klassen, Erziehungsschwierigkeiten, außerschulische Gegebenheiten, …
- Gegenpol = Wissenschaftsorientierung (kein unvereinbarer Widerspruch, sondern Ergänzung)

2.2.4 Wissenschaftsorientierung

- Viele Synonyme: Wissenschaftlichkeit, Objektivität, Sachorientierung, …
- besagt, dass U an verschiedenen Aspekten der Wissenschaft orientiert sein soll
- **Forderungen:**

- o Lerninhalte korrekt darstellen: Anspruch auf Wahrheit, aktuellen wissenschaftli-
    chen Stand entsprechen, keine veralteten Erklärungen, keine ideologischen Ak-
    zentsetzungen, … → aber Vorsicht: bei didaktischer Reduktion nicht so viel weg-
    lassen, dass Gegenstand verfälscht wird
  - o Lerninhalte strukturieren: Strukturierung von Teilaspekten zu einem wissenschaft-
    lichen Ganzen, Möglichkeit für S, wissenschaftliche geklärtes Wissen und den Er-
    kenntnisweg dorthin zu begreifen
  - o Fachwissenschaftliche Methoden erproben: GeoU: Infobeschaffung, -darstellung-,
    -auswertung, Aufgeschlossenheit gg. Gegenargumenten, eigene Position vertre-
    ten und evt. revidieren können
  - o Gesellschaftliche Bezüge herstellen: S auf Möglichkeiten, Grenzen, Konsequen-
    zen vorbereiten, fachwissenschaftliche Inhalte auch auf außerhalb der Schule be-
    ziehen
- Also: nicht nur den S wissenschaftl. Arbeiten beibringen, sondern auch die Bedeutung
  der Wissenschaft für Gegenwart und Zukunft zu klären
- Wissenschaftsorientierung im GeoU: kommt v.a. bei Lehrplangestaltung und der didaktischen Analyse zum Tragen
- Grenzen:
  - o Personale Repräsentation der wissenschaftlichen Inhalte durch die Lehrperson
  - o Fähigkeit der S, das Gelernte in ihren persönlichen Bedeutungshorizont einzu-
    ordnen

2.2.5 Exemplarische Orientierung

- Prinzip der Stoffauswahl
- An repräsentativen Bsp. sollen übertragbare, grundlegende, allgemeingeographische
  Erkenntnisse gewonnen werden
- Auswahlkriterien:
  - o Zielsignifikanz und Merkmalprägnanz: Bsp. müssen geeignet sein, Ziel zu errei-
    chen und allgemeingeographische Merkmale deutlich machen
  - o Subjektadäquanz: Bsp. sollen den anthropogenen und soziokulturellen Vorrau-
    setzungen der S entsprechen (Heimatbezug und Aktualität)
  - o Zieladäquate Steuerung der Bsp.: Bsp. vom Nahraum bis zur globalen Ebene, al-
    le Kulturerdteile, räumlicher Transfer muss möglich sein
  - o Methodische Ergiebigkeit: Bsp. so auswählen, dass S mit vielen Methoden dazu
    arbeiten können
- Exemplarisches Prinzip auch für U-Planung sinnvoll: an Einzelfallbsp. erworbenen
  Kenntnisse → Transfer auf Fernraum/Nahraum → Regelhafte Zusammenhänge der Allgemeinen Geo werden sichtbar!

3 Psychologische Grundlagen des Geographieunterrichts

3.1 Pädagogische Psychologie – eine Disziplin der angewandten Psychologie?

* PädPsy = Verknüpfung von psychologischen und pädagogischen Problemfeldern
* Bedient sich Theorien und Methoden der Psycho., um sie auf Phänomene in der Pädagogik zu übertragen
* Ziel = Erforschung der Erziehungswirklichkeit von der psychologischen Seite her
* Vielfältige Wechselbeziehungen, die U so komplex machen → verlangt eigenständigen Forschungsansatz für die PädPsy
* Allgemeine Aufgaben: Entwicklung, Vermittlung, Anwendung psychol. Wissens → Optimierung von Erziehungs-, U-, Sozialisationsprozessen
* Versucht zu erklären, was auf psychol. Ebene beim U passiert, welche Komponenten U bestimmen, wie und warum er wirkt
* **Teildisziplinen**:
  * Lernpsycho: erforscht Verhalten des Menschen als Lernenden
  * Instruktionspsycho: Handlungsempfehlungen für psycholo. fundierte Maßnahmen und Akte des Lehrens
  * Entwicklungspsycho: zeitliche Dimensionen im menschlichen Leben und dessen Entwicklungen
  * Sozialpsycho: Verhalten des Menschen in Abhängigkeit von seiner Umwelt, Wechselbeziehungen zwischen den beiden Komponenten
  * Testpsycho: Messung und Interpretation von Schulleistungen

3.2 Lernpsychologie
3.2.1 Definition „Lernen"
* Prozess, der zu relativ stabilen Verhaltensänderungen führt & auf Erfahrungen aufbaut; nicht direkt beobachtbar, nur aus dem Verhalten zu erschließen
* Manchmal auch „nur" **Potential für Verhaltensveränderungen** erworben (Werte, die Einfluss auf Verhalten nehmen), dann nicht im Verhalten sichtbar
* **Relativ stabile** Verhaltensänderungen, weil man Sachen vergisst, oder zu einer Sache mehr dazulernt
* Individuum muss sich aktiv mit Umwelt auseinandersetzten (= Erfahrungen machen)
* Lernen bezieht sich auf alle Verhaltensbereiche: kognitiv, affektiv, emotional, in Wertorientierung, Sozialverhalten und Handlungskategorien

3.2.2 Grundlegende Lernformen und Aspekte des Lernprozesses im U
* Bei Lerntheorien: bestimmt Muster wiederholen sich und sind für Geo wichtig:
  * **Lernformen**:
    * Assoziatives Lernen = alle Lernprozessen entstehen durch Bildung von Koppelungen zw. Reiz und Reaktion; Individuum verbindet mehrere psychische Inhalte miteinander; Verbindungen können im U oder zufällig entstehen; Anwendungsbsp.: Brainstorming
    * Kognitives Lernen = Lernen ist Prozess der Selektierung, Strukturierung, Differenzierung und Beziehungserfassung, Lernen = aktiv, Anwendungsbsp: problemlösendes Lernen

o **Aspekte** des Lernprozesses im U: Lernprozess gliedert sich in 3 Phasen: Akquisition – Retention – Reproduktion; Folgende Aspekte sind wichtige Bestandteile des Lernprozesses im U: Lernmotivation, Brainstorming, Lernstrategien, entdeckendes Lernen, problemlösendes Lernen, Kreativität, Begriffslernen, Transfer

3.2.3 Lernmotivation:

Sammelbezeichnung für psychische Prozesse im Menschen, die Lernprozess zulassen

Funktionen:

o Auslösefunktion: S identifiziert Themengebiet als etwas zu Erlernendes→ stellt sich auf Informationsaufnahme ein

o Energieversorgungsfunktion: Lernmotivation versorgt S mit Energie → bedingt Nachhaltigkeit des Lernprozesses

o Steuerungsfunktion: von Motivation abhängig: Perfektions- und Leistungsansprüche des S, ebenso: Zielstrebigkeit

- **Arten** der Lernmotivation:

o Intrinsische Motivation: Lernantrieb aus Motiven, die S aus sich heraus aktiviert (z. B. Neugier), aber auch aus Motiven, die Lerninhalt selbst und dessen Darbietung bringen

o Extrinsische Motivation: Verhalten, das durch von außen kommende Reize veranlasst wird, die nicht im Lerninhalt oder dem S verankert sind, sondern künstlich damit in Zusammenhang gebracht werden (z.B. Angst vor Strafe)

- I. d. R.: Motivation = Wechselspiel aus intrinsischer und extrinsischer Mo., im Verlauf des Lernens unterschiedlich stark gewichtet
- Im U: immerwährende MO. erforderlich, um dauerhaften Lernerfolg zu garantieren
- Also: nicht nur zum Einstieg MO., sondern auch zwischendurch (auf Lernziel bezogen)

3.2.4 Brainstorming

- Zunächst: alle Einfälle sammeln, ohne auf Brauchbarkeit überprüft zu werden
- Anschließend: Einfälle kritisch reflektieren, ordnen, gliedern
- Besonders als Einstieg in ein neues Thema gut geeignet
- V. a. aus Sicht der konstruktiven Didaktik sinnvoll und erforderlich, da S merken, dass ihr Vorwissen die Konstruktion einer subjektiven Wirklichkeit ist

3.2.5 Lernstrategien / Lösungsstrategien

- Planmäßige Verfahren und Techniken, die den Lernprozess erleichtern und das Erreichen der Lernziele gewährleisten sollen
- Mental präsentierte Schemata, aus einzelnen Handlungssequenzen zusammengesetzt
- Im U-Verlauf: im Anschluss an Themen-/Problemstellung
- Aus bereits vorhandenen Erfahrungen → Lösungsmöglichkeiten; untaugliche Möglichkeiten zu Gunsten neuer Ansätze aufgeben

3.2.6 Entdeckendes Lernen

- *J. S. Bruner* (1970/73): Lernprozesse sind besonders effektiv, wenn sich S den Stoff selber erarbeitet → Lerninhalt wird entdeckt; wichtig: eigenes Nachforschen und Finden von Lösungen
- Zunächst definiert als **Lernen an Beispielen**: abstraktes Wissen soll anhand von Gemeinsamkeiten verschiedener Bsp. erarbeitet werden

- **Entdeckendes Lernen als Problemlösen**: vom L unterstützt und gelenkt; Anfang = Problem, dann: Hypothesenbildung, erst dann: Wissen erarbeiten
- **Lernen durch Experimente**: selbstgesteuerter Erwerb von kausalem Wissen
- Vorteile: Verstehen struktureller Beziehungen, Einsicht in forschendes Lernen, höherer Behaltenswert, höhere intrinsische Motivation
- Kritik: nicht alles muss neu entdeckt werden, unökonomisch, weil zeitaufwändig
- Sowohl kurzfristig (in 1 U-Stunde), als auch langfristig (stundenübergreifend) möglich
- V.a. in Geo super: so oft wie möglich S mit Realsituationen in Kontakt bringen → Medien

3.2.7 Problemlösendes Lernen

- Sonderfall des entdeckenden Lernens → zusätzlich: produktives Denken
    - o Wichtigsten Fragen der Zukunft = **Schlüsselprobleme**:
    - o Umwelt-, Ressourcengefährdung
    - o Soziale Ungleichheit
    - o Friedenssicherung
    - o Demokratisierung
    - o Arbeitslosigkeit
    - o Umgang mit Minderheiten
- GeoU kann Qualifikationsbereiche fördern
- **Idealtypischer Ablauf** problemlösenden Lernens:
    - o Erkennen des Problems: S mit Problem konfrontieren/für Konflikt sensibilisieren, möglichst natürlicher Kontext; Bewusstmachung des Problems z. B. durch Brainstorming, Neugier wecken
    - o Hypothesenbildung: S-Vermutungen, wenn Verständnis erworben wurde: Produktion von Hypothesen zur Lösung des Problems
    - o Lösungsstrategien: Durchspielen verschiedener Möglichkeiten → Entwerfen 1es Lösungsplanes, Entscheidung für 1 Weg
    - o Problemlösung: Überprüfen der Hypothese durch Einholung relevanter Infos
    - o Verifikation/Falsifikation/Modifikation der Hypothese: Bewertung der Hypothese
    - o Reflexion: Gültigkeit, Anwendbarkeit, Brauchbarkeit werden überprüft
- Vorteile: Anleitung zur Selbstständigkeit, Erlernen von Kompetenzen zur Bewältigung von Problemen, stärker motivierend, Kreativität
- Kritik: dauert zu lange (rezeptives Lernen = effektiver), schafft Unruhe, ist unkalkulierbar, nur für besonders begabte S geeignet
- **Voraussetzung** für Problemlösenden U: S müssen bereits ein Repertoire an Begriffen, Methoden, Verfahren beherrschen

3.2.8 Entfaltung von Kreativität

- **Kreativität** = neue Beziehungen zw. Elementen einer Situation zu sehen, ungewöhnliche Ideen zu produzieren, von den gewohnten Denkschemata abweichen
- Im GeoU: primär als interkulturelle Kreativität verstanden
- **Förderung** durch folgende Maßnahmen:
    - o S muss wissen, dass seine Kreativität gefordert ist
    - o L muss Neugier wecken
    - o L muss neue Ideen belohnen
    - o L darf S mit irrelevanten Fragen nicht sofort zurückweisen
    - o L: Stufen des schöpferischen Prozesses zeigen

- o L muss zu abweichenden Lösungen ermutigen
- o S soll zur Imagination angeregt werden
- o L muss wissen, dass Kreativität gefördert werden kann
- **Methoden** im U: Brainstorming, Planspiele, Projekte, Experimente
- **Einschränkung**: wenn Kreativität als oberstes Lernziel genommen wird (fehlendes Sachwissen darf nicht durch Kreativität begründet werden!!!)

<u>3.2.9 Begriffslernen:</u>
- **Begriffe** = sprachliche Darstellungen, Bezeichnungen von Sachverhältnissen
- 2 **Hauptklassen** von Begriffen:
  - o Eigenschaftsbegriffe: entstehen durch Kategorisierung, z. B. Hochgebirge, Mittelgebirge, Tiefland
  - o Erklärungsbegriffe: zusätzliche Eigenschaft = Erklärung, z. B. Mondfinsternis
- **Doppelte Funktion** fürs Lernen: Komprimierte Einsichten, die Lernvorgänge ökonomisch verdichten, konservieren, speichern ⇔Instrumente eines Weiterschreitenden Lernens, die Unbekanntes durch Rückgriff auf Bekanntes verständlich machen
- **3 Entwicklungsstadien:**
  - o aktionales Entwicklungsstadium (GS-Alter): Begriffe entstehen in Anlehnung an Handlungen, z. B. „Spielplatz"
  - o ikonisches Stadium (ca. mit 10 Jahren): Begriffsbildung aufgrund anschaulich-figurativer Merkmale (Kirche wird wegen Architektur erkannt)
  - o Stadium der formalen Operation: symbolische Repräsentation, logische Beziehungen führen zu Begriffsbildungen (Kirche = Sakralbau + Symbol für Religion)
- Erlernen von Geo-Begriffe: Stadien berücksichtigen!
- **Relevanz** für U-Planung:
  - o Anfang: Einordnung des zu lernenden Begriffs in eine Hierarchie → welche Begriffe sind über-/untergeordnet? (z.B. Geomorph – endogene Prozesse – Erdbeben)
  - o Der zu lernende Begriff muss durch relevante Merkmale definiert werden
  - o Daraus dann: Repräsentative Bsp. und nichtrepräsentative Bsp.
  - o Übungen entwerfen, die jeweils 1 Problem des Begriffs zum Inhalt haben
  - o Liste mit „Grundwissens-Wörtern" zusammenstellen
- **Bedingungen**:
  - o Anfang. Definition: alle darin vorkommenden Begriffe müssen bekannt sein, leichter verständlich, wenn Bsp. vorhanden ist
  - o Begriffserhellung aus genetischer und etymologischer Sicht: Wortursprung?
  - o Hervorhebung relevanter Merkmale
  - o Positive und negative Beispiele: am Anfang nur positive Bsp. , erst später auf negatives eingehen
  - o Auswahl einer ausreichenden Anzahl von Beispielen: S muss Begriff begreifen
  - o Verbalisierung des erreichten Begriffsverständnisses: an Bsp. wahrgenommene Merkmale werden eingeübt, nicht sture „Nachplapperei"
  - o Anknüpfen der neuen an bereits bekannte Begriffe: in größeren Zusammenhang,
  - o Lernzielüberprüfung: Testfragen sollen klären, ob S mit Begriff umgehen kann
- Untersuchungen von Schulbüchern: oft werden Begriffe verwendet, ohne sie im Text oder in einem Glossar erklärt zu haben! → SCHLECHT!

3.2.10 Lernübertragung/Transfer

- Transfer = Übertragung von bereits Gelerntem auf einen anderen Sachzusammenhang, auf ein anderes Bsp., auf eine andere Situation
- **Verschiedene Transferarten**: räumlicher, inhaltlicher, methodischer Transfer, Transfer von Verhaltensweisen und Einstellungen (kognitive, instrumentale, aktionale, affektive Lernziele)
  - Räumlicher (lateraler/horizontaler Transfer): Sachverhalt von Raum A wird auf Raum B übertragen, Fallbeispiele werden generalisiert, Vorgehensweise: Nah → Fern; Fern → Nah → „Fenster in die Welt, Lupe in den Nahraum"
  - Ziel = Widererkennen ähnlicher Elemente, allgemeingeographische Erkenntnisse
  - Inhaltlicher (inhaltlich-kognitiver/vertikaler) Transfer: Erkenntnisse einer einsichtigen Gegebenheit werden in komplexere Strukturen eingeordnet
  - Methodischer Transfer: Instrumentale Fähigkeiten/Fertigkeiten werden an Bsp. eingeübt und auf anderes übertragen → Intensivierung geogr. Fachmethoden
  - Transfer von Einstellungen und Verhaltensweisen: Übertragung von Einstellungen, Vorurteilen etc. auf andere Situationen um Verhaltensweise zu ändern
- **Positiver** Transfer: fördernde Auswirkung der erworbenen Lernerfahrung
- **Negativer** Transfer: erworbene Lernerfahrung behindert frühere Kenntnisse
- L muss Umgebung gestalten, in der positiver Transfer möglich ist (Übertragungseffekt); Dazu:
  - S müssen in effektive Lernmethoden eingeführt werden
  - Hoher Grad an Übereinstimmung zw. Lern- und Übertragungssituation
  - Einsatz ähnlich strukturierten Materials
  - Übertragungsmöglichkeiten im Alltag der S finden
  - S bei Übertragung selbstständig Selbstständigkeit entwickeln
- GeoU: Transfer eng mit exemplarischem Lernen verbunden: Vgl. mit anderen Bsp. → Generalisierungsleistung → Allgemeingeographisches Wissen
- Unterrichtlicher Lernprozess: alle Transferarten können verwendet werden: Erarbeitung: inhaltlicher + methodischer Transfer; Anwendungsphase: Transfer von Einstellungen und Verhaltensweisen, räumlicher Transfer

3.3 Instruktionspsychologie

3.3.1 Definition und Merkmale

- Auch U-Psychologie im engeren Sinn genannt
- Behandelt Auswirkungen der Art des Lehrens oder U auf den Lernprozess der S
- **Ziel** = Beschreibung von Bedingungskomponenten des Lehr-Lernprozesses
- **Merkmale**:
  - Erforschung von Vermittlungsprozessen in den einzelnen Fächern
  - Konzentration darauf, wie Wissen erworben wird
- Beschränkt auf die Erforschung der Lehrstoffdarbietung
  - Deskriptiv: wie werden S Instruktionen dargeboten?
  - Explizit: von welchen Darbietungsformen hängen Erfolg/Misserfolg ab?
  - Präskriptiv: wie muss Instruktion gestaltet werden, um Lernerfolg zu erleichtern?

3.3.2 Förderung der Instruktion:

- Angemessene Lernziele und Informationen der S über Lernziele:

- o L: Lernziel vor U festsetzen; z. B. expressives Lernziel (= S setzten sich mit Problem auseinander, L setzt nicht genau fest, was sie lernen sollen)
  - o Den S Lernziele klar und verständlich mitteilen; Vorteil: Strukturierung; Nachteil: Aufmerksamkeit wird auf best. Infos gerichtet, anderes wird übersehen
- Angemessene U-Methoden und –Medien:
  - o S profitieren am meisten, wenn U Abwechslung bietet
  - o Unterschiedliche Aktionsformen und unterschiedliche Sozialformen
  - o Aber: nicht zu viele Methoden; nicht 1 Aktionsform als Allheilmittel ansehen!
  - o Ebenso: Medienwechsel, aber nicht zu viel davon!
  - o Größte Attraktivität und größten Lernerfolg versprechen multimediale U-Methoden
- Individuelle Unterschiede:
  - o Nicht jede Instruktion ist für jeden S geeignet
  - o Unterschiede hinsichtlich Interesse, Intelligenz, Lernstil, …

3.4 Entwicklungspsychologie (EP)

3.4.1 Ältere und heutige EP

- Aufgabe: Erforschung der altersbezogenen physischen und psychischen Veränderungen des Menschen
- **Ältere** EP:
  - o Entwicklung des Menschen in Phasen unterteilt und systematisiert
  - o Beschränken sich allerdings auf die reine Beschreibung von Zuständen
  - o Keine einheitliche Entwicklung: täuschen einheitliche Entwicklungsstände bei Gleichaltrigen vor → falsche Annahmen über Lernkompetenz von S
  - o Entwicklungswandel vollzieht sich eher permanent und individuell
  - o Alter = unsicherer Faktor für den kognitiven, emotionalen, sozialen, instrumentellen Stand eines S
- **Heutige** differenzierte Theorien der EP
  - o Interessen, Lernbereitschaft, Lernfähigkeit eines Menschen wichtiger als Alter
  - o Umwelt und Veranlagung haben wechselseitige Beziehung

3.4.2 Entwicklung der räumlichen Intelligenz

- Insgesamt 7 Arten von Intelligenz: u.a. verbale, logisch-mathematische, interpersonale, emotionale, …
- Räumliche Intelligenz = Fähigkeit, die visuell-räumliche Welt wahrzunehmen und zu transformieren
- „räumliches Denken" = bezieht sich nur auf das Wahrnehmen und das Verarbeiten
- für Geo wichtig: Fähigkeit, 3-dimensional zu denken, Erkennen von kausalen und funktionalen Zusammenhängen, zeitlicher und genetischer Prozesse
- Geschlechtsspezifische Unterschiede: gelten beim Kartenlesen und Raumverständnis als gesichert → ABER: durch neuere zum Teil Forschungen widerlegt ☺
- Untersuchungen von Raumerleben von S: Piaget: 4 kognitive Stufen der Entwicklung, aber auch auf räumliche Intelligenz übertragbar (dann nur 3 Stufen):
  - 1. Stufe = dynamische Ordnung; 6-8 Jahre: Raumerleben beschränkt sich auf einzelne Pläne ohne Zusammenhang, Weg ist noch nicht Verbindungslinie zw. verschiedenen Orten
  - 2. Stufe = gegenständliche Ordnung; 9-11 Jahre: Kind will dinghafte Gestalt des Weges wiedergeben, Weg = Bahn im Raum

3. Stufe: figurale Ordnung, 12-15 Jahre: äußere Distanzierung, Überschau über den Weg, Präzisierung im Hinblick auf Lage, Entfernung, Struktur ist möglich

- andere Ansätze: Raumerfassungsvermögen der S ist variable und kann durch U stark beeinflusst werden (vgl. *Aebli* 1969)
- **gegenwärtiger Stand**: es sind verschiedene Leistungen bei gleichem Alter und gleiche Leistungen bei verschiedenem Alter erkennbar
- Zusammenfassung: räumliches Verständnis bei Grundschülern stark egozentrisch, geringe Abstraktionsfähigkeit; bis 15: S konzentrieren sich auf Dinge, die interessant erscheinen; ab 16: größere Abstraktionsfähigkeit, Überblicke
- Einführung in Kartenverständnis: Engelhardt: Kartenarbeit muss schon vor der 6. Klasse begonnen werden (Widerspruch zu Piaget)

3.5 Sozialpsychologie (SP)

3.5.1 Gegenstand und Aufgaben der SP im U

- Gegenstand = soziale Einflussfaktoren auf individuelles und gruppendynamisches Verhalten und Erleben
- Wechselseitige Beeinflussung zw. Individuum und Umwelt
- Problembereiche: soziale Einflüsse, Interaktion, Kommunikation, soziale Motivation, Emotionen, soziales Lernen, Sozialisation, …
- **Aufgaben**: Einsichten vermitteln (Einfluss des Individuums auf die Umwelt, Einfluss der Umwelt auf das Verhalten des Individuums); Entwickeln von gruppendynamischen Trainingsmethoden und die Schulung der Fähigkeit zur individuellen Selbstverwirklichung

3.5.2 Interaktion und Kommunikation

- Kommunikation wird erleichtert durch Vorhandensein kognitiver Strukturen, sinnvoll dabei: Erinnerung strukturieren
- GeoU: Kommunikation mit Partner/in Gruppe wird durch Medien und Methoden gefördert

3.5.3 Motive und Interessen

- Primäre Motive = angeborene, altersbezogene, emotionale Dispositionen
- Sekundäre Motive = durch soziale Kontakte erworbene Dispositionen
- Interesse der S: in bestimmten Klassen gehört Geo zu den beliebtesten Fächern; generell: in der 5. Klasse Interesse am größten, in der 7./8 Klasse Tiefststand, steigt wieder in der 9. Klasse
- Grund: altersspezifische Entwicklung und Themen im LP

Viel Interesse	Wenig Interesse
Umweltprobleme, Physische Geo; Erdbeben, Klimaveränderung, Meer	Anthropogeo, z. B. Wirtschaft, Verkehr; aber auch Gesteine, Mineralien, CO-Kreislauf, Boden
Nordamerika, Westeuropa, Lateinamerika, Schwarzafrika, Indien	Heimatraum, Nord-, Ostdeutschland, Süd-, Südost-, Osteuropa
Filme, Exkursion, Experimente	Diagramme, Texte, Schulbuch
Jungs	Mädchen (aber: themenabhängig)

  o Deutsche S: mehr Interesse an Umwelt und Topographie, in D geborene Ausländer: Bev-Wanderung, Leben von Ausländern in D; Ausländer: Leben der Menschen in fremden Kulturen

- **Folgerungen** für die U-Praxis:
  - o Stärkere Einbeziehung des Umweltbereichs und „Menschen und Länder in fremden Kulturen"
  - o Regionalgeogr. Schwerpunkt muss auf außerhalb D verlegt werden
  - o Anschauliche, handlungsorientierte Methoden

3.5.4 Soziale Wahrnehmung
- Basiert auf gesellschaftlich-kulturellen Normen und Wertesystemen, wird geprägt durch Zugehörigkeit zu Gesellschaftsschicht/-system
- Objektive Umwelt wird auf dem Weg zum subjektiven Raum vielen Filterwirkungen ausgesetzt → soziale Wahrnehmung = subjektiv
- Ablauf des menschlichen Verhaltens im Wahrnehmungsvorgang:
  - o Aufstellen einer Hypothese über ein bevorstehendes Wahrnehmungsereignis
  - o Wahrnehmung = Infoaufnahme und –verarbeitung
  - o Bewertung = Vergleich der Infos mit seinen Erwartungen
  - o Entscheidung = Hypothese bestätigt → Info gespeichert; wenn nicht: Aufstellen einer neuen Hypothese
  - o Verhalten = raumwirksame Aktivität
- Es folgen: für GeoU wichtige Vorstellungen, die auf subjektiver Wahrnehmung aufbauen:

Mental Maps
- Geistige Landkarten, subjektive Vorstellung einer räumlichen Situation
- Wahrnehmung eines Raumes wird von individuellen und sozialpsychologischen Faktoren geprägt → subjektive Wahrnehmung der Realität
- Speicherung der Infos auf Karten/Bildern/Raumbeschreibungen oder im Gedächtnis
- Aufgabe des GeoU: lückenhafte Raumvorstellungen erweitern/ergänzen; falsche Infos korrigieren; S beibringen, dass jede Person andere mental maps hat; Medienkritik

Vorurteile und Stereotype
- Ergebnisse der subjektiven Wahrnehmung
- Vorurteile = vorgefasste Meinungen meist negativer Art
- Stereotype = klassifizierende oder verzerrende Kognitionen und Einstellungen
- GeoU: Abbau von Vorurteilen = zentraler Bestandteil → U muss offen sein gegenüber anderen Kulturen in der Klasse; schon blad damit beginnen

Weltbilder
- Wissen uber Großen- und Lageverhältnisse, Natur, Kultur, Politik, Wirtschaft
- Entstehen durch Medien → abhängig von der Ideologie des Medienproduzenten
- Kartographische-räumliche, abcr auch ikonisch-bildhafte Darstellungen
- Ziel des GeoU: Objektivierung des subjektiv entstandenen Weltbildes bei den S bewirken
- Aufgabe des L: auf verschiedene Karten mit verschiedenen Zentren hinzuweisen (dt. Atlas, ami-Atlas, japanischer Atlas → verschiedene Länder im Zentrum)
- Fächerübergreifend: religiöse Weltbilder

3.5.5 Soziales Lernen und Sozialisation
- Soziales Lernen: die durch soziale Erfahrungen gemachten Verhaltens- und Einstellungsänderungen
- Übungsfelder des sozialen Lernens:
  - o Themen, die an das Interesse der S anknüpfen
  - o Interaktionsspiele / Rollenspiele
  - o Konfliktlösen, evt. im Rahmen eines Projektes

4 Fachwissenschaftliche Grundlagen des GeoU

4.1 Betrachtungsweisen der Geographie

- Def. Geo = erfasst, beschreibt, erklärt die Geosphäre im Ganzen und in ihren teilen nach Lage, Stoff, Form und Kräften, Genese, die zu den heutigen Erscheinungsformen geführt haben; beinhaltet auch Zukunftsprognosen, Evaluationen und Planung

4.1.1 Physiognomische (formale/strukturale) Betrachtungsweise

- Äußere Erscheinungsformen und ihre Verbreitung werden erfasst (stoffliche Beschaffenheit, Struktur, Größe)
- Bsp: kegelförmiger Berg, Höhenstufen im Gebirgen, Grund- & Aufriss einer Stadt, …
- wird heute fast nur noch als Einstieg verwendet, um sich dann mit den Kräften, Akteuren, Prozessen und Entwicklungen auseinander zu setzten

4.1.2 Funktionale Betrachtungsweise

- erfasst räumliche Beziehungen, Einflüsse und Abhängigkeiten
- Elemente stehen in einem Verhältnis von Ursache und Wirkung → kausale Beziehungen
- Im GeoU: durch Geländebeobachtungen, Experimente nachweisbar
- Mensch-Natur-Beziehung = pseudokausale Beziehung (Basis ist Geodeterminismus)
- Funktionale Beziehungen = bestimmte Nutzungen/Leistungen werden auf bestimmten Raum bezogen (v. a. Sozialgeo), z.B. Daseinsgrundfunktionen

4.1.3 Zeitliche Betrachtungsweise

- Lässt sich in verschiedene Bereiche gliedern (siehe folgende Punkte)
- Historisch-genetische Betrachtungsweise:
  - Entstehung und Entwicklung räumlicher Phänomene
  - Verschiedene Interpretationsmöglichkeiten
- Prozessuale Betrachtungsweise:
  - Analysiert aktuelle Abläufe und Veränderungen
  - Raum = Prozessfeld, das sich durch menschlichen Einfluss verändert
  - V. a. in der Sozialgeo zu finden
- Prognostische Betrachtungsweise:
  - Zukünftige Entwicklungen geographischer Phänomene
  - Z.B. Bevölkerungsentwicklung, Klimaveränderung
- Planerische Betrachtungsweise
  - Ist aktiv in die Zukunft gerichtet
  - Baut auf Prognosen und darauf folgende Evaluationen auf → raumplanerische Maßnahmen (hier: Angewandte Geo)

4.1.4 Bedeutung der Betrachtungsweisen im GeoU

- Alle Betrachtungsweisen greifen ineinander, führen zu einem befriedigendem Ergebnis
- Geschichte des GeoU:
  - Länderkunde: physiognomisch-formale BW
  - Seit mehr Allgemeine Geo: funktionale BW
  - Projektorientierter U: planerische/prognostische BW
  - Gegenwärtig: funktionale BW

- Strukturierung geographischer Inhalte: Vorschlag: Lehrplan in den ersten Lehrjahren schwerpunktmäßig auf physiognomisch-formale, prozessuale und funktionale BW, erst später prognostische und planerische BW
- Strukturierung von U-Inhalten: nicht nur Ebenen der Erscheinung und Erklärung unterrichten, sondern auch Ebene der Entscheidung bzw. Handlung

4.2 System der Geographie

- Gegenstand der Geo = Geosphäre → zu groß für eine vollständige Behandlung →einzelne Untersuchungsobjekte
- Geosphäre in einzelne Sphären auflösen und diese dann untersuchen (= Allgemeine Geo); **oder**: vertikaler Schnitt durch → alle Sphären anteilmäßig enthalten (= Regionale Geo)

4.2.1 Allgemeine Geographie

- untersuchen bestimmten Geofaktor → „Geofaktorenlehre";
  - Physische Geographie: betrachtet die natürlichen Geofaktoren, umfassen die abiotischen/anorganischen(Relief, Wasser, Klima, Boden) und die biotischen/organischen Faktoren (Pflanzen, Tiere, (Menschen))
    - Geomorphologie = Reliefbildung der Erde
    - Klimageographie = Interaktion zw. Atmosphäre und Erdoberfläche, Mikro-, Meso-, Makroklima, Klimawandel
    - Hydrogeographie = Verbreitung und Erscheinungsformen des Wassers
    - Bodengeographie = Verbreitung der Böden und die Ursachen dafür, forscht nach Kultureinflüssen, Zusammenhänge mit Klima, Relief
    - Vegetationsgeographie = Pflanzengemeinschaften, Wo? Warum?
    - Zoogeographie = Verbreitung der Tiere und Erklärung dafür
    - Geoökologie = Wechselbeziehungen zw. Morpho-, Klima-, Hydrogeo
    - Bioökologie = Systeme von Pflanzen- und Tiergemeinschaften
  - Anthropogeographie: Ergebnisse menschlicher Tätigkeiten im Raum, Verhältnis Mensch-Gesellschaft-Raum, wie wird Wirklichkeit aus Sicht verschiedener Kulturen konstruiert?
    - Bevölkerungsgeo = Bevölkerungsdichte und Wachstum
    - Siedlungsgeo = Physiognomie, Lage, Genese, Funktionen von Siedlungen, Stadtgeo
    - Wirtschaftsgeo = räumliche Verbreitungs- & Verknüpfungsmuster des wirtschaftenden Menschen, Agrargeo, Industriegeo, Geographie des III. Sektors
    - Verkehrsgeo = Verkehr als räumliche Erscheinung, funktionale Bedeutung für Mensch und Gesellschaft
    - Politische Geo = räumliche Situation von Staaten, auf Kulturlandschaft einwirkenden Kräfte, Globalisierung
    - Historische Geo = geographische Verhältnisse der Vergangenheit im Vgl. zur Gegenwart
    - Sozialgeographie = räumliche Organisationsformen und raumbildende Prozesse
    - Religionsgeo/Ideologiegeo = Einfluss von Religion auf den Raum, räumliche Auswirkungen von Ideologien (z. B. Kommunismus)
    - Bildungsgeo = räumliche Prozesse/Strukturen/Disparitäten von Bildung
    - Humanökologie = Lebensraum des Menschen und dessen Nutzung

4.2.2 Regionale Geographie

- Teilräume der Erde = funktionale Einheiten, Wechselbeziehung aller Geofaktoren
    - Länderkunde: spezifischer Erdraum oder Landschaftsraum, wird auf seine Individualität in der Synthese aller Geofaktoren untersucht
    - Landschaftskunde: Raumtypen, vergleichend-abstrahierende Methode: Klassifikation von Landschaften

4.2.3 System der Geographie im GeoU

- Regionale Geo hat mit Gliederung der Erde in Form der Länder- und Landschaftskunde lange Tradition
- Vom Nahen zum Fernen zum Nahen, Abhandlung nach Schema Allgemeine Geo
- 2. Hälfte 20. Jh.: Schwerpunkte bei der Behandlung von Ländern (= Dynamische Länderkunde) → Abweichung von Allgemeiner Geo
- Länderkundliche Ansatz wird als unwissenschaftlich angesehen
- Ab 1970: in den Lehrplänen setzen sich allgemeingeographische und sozialgeographische Ansätze durch
- Auswirkungen auch auf die Planung einer U-Reihe: ausgehend von anschaulichen Einzelbildern (regionale Raumbeispiele) können allgemeingeographische Sachverhalte erarbeitet werden
- U-Einheit: oft werden physiogeographische Elemente den anthropogeographischen Bereichen vorangestellt→ Gefahr = Geodeterminismus!

4.3 Fachmethoden der Geographie

4.3.1 Definition und Klassifikation

- **Fachmethoden** = fachbezogene Methoden wissenschaftlichen Arbeitens, durch die geographische Infos oder Erkenntnisse gewonnen werden sollen
- Im U eingesetzte Fachmethoden = **Unterrichtsmethoden**
- Steigende Bedeutung, weil Methodenkompetenz immer wichtiger wird
- **Ordnung** nach dem Aspekt des Umgehens mit Infos → 3 Gruppen = Infobeschaffung, Infoaufbereitung und Infopräsentation,/ - deutung)
- **Vorbedingung** einer fachmethodischen Untersuchung = Fähigkeit, raumbezogene Fragen zu stellen und Hypothesen aufzustellen
- Anwendung der gewonnenen Kenntnisse = Abschluss einer erfolgreichen Untersuchung

4.3.2 Informationsbeschaffung

- Durch **Erhebungen vor Ort** oder im Gelände = Feldarbeit (=primäre Daten)
    - Physische Geo: geokomponentenorientierte Untersuchungen der einzelnen Geofaktoren, die sich auf geoökologische Zusammenhänge beziehen
    - Untersuchungstechniken: aus Geologie, Hydrologie, Bodenkunde, Meteorologie, … → Beobachtung, Bestimmung, Zählung, Messung, Skizzierung, Kartierung (z.B. Relief, Bodenaufnahme, Erfassung des Geländeklimas, Vegetationskartierungen)
    - Anthropogeo: verschiedene geisteswissenschaftliche und psychologische Ansätze bei der Erfassung der Kulturlandschaftsgestaltung nötig
    - wichtig: Beobachtung, Zählung, Kartierung, Interview/Befragung, Stichprobenverfahren

- Beobachtung: Datensammlung, theoretische Überlegungen müssen vorausgehen
  - Zählung: Ermittlung eines Verfahrensmusters, später sollen funktionale Zusammenhänge ersichtlich werden
  - Kartierung: Prozess der Klassifizierung → Abbildung der versch. Typen
  - Interview: entweder persönlich oder unpersönlich (Fragebögen)
  - Stichprobenverfahren: Infos über best. Eigenschaften statistischer Populationen, Kosten- und Zeitersparnis (⇔ Vollbefragung)
- Durch **Materialsammlung** aus dokumentierten Quellen:
  - Amtliche Statistiken, historische Dokumente und dergleichen mehr
  - Nachteil: nur schwer zu überschauen, Fehler bleiben oft unentdeckt
    - Veröffentlichte amtliche Statistiken: Statistisches Bundesamt, Statistische Landesämter
    - Unveröffentlichte amtliche Statistiken: Stadtverwaltungen, Baubehörden, Planungseinrichtungen, Einwohnermeldekartei
    - Nichtamtliche veröffentlichte Statistiken: Industrieunternehmen, Firmen, Fahrpläne, Adress- und Telefonbücher
    - Historische Quellen: Stadt- und Gemeindearchive, Kirchenbücher, Karten,
- Zusätzlich: Infos von Luftbildern, Karten, Presseberichte etc.

4.3.3 Informationsaufbearbeitung und -darstellung

- **Informationsaufbearbeitung**
  - Überprüfung der Erhebung auf ihre richtige technische Durchführung
  - Untersuchung der Rücklaufquote von Fragebögen, Vollständigkeit der Fragebögen, Personen nochmal aufsuchen, …
  - Daten per Hand in Listen übertragen oder mit Hilfe von EDV-Programmen
- **Informationsdarstellung**
  - Erstellung von Häufigkeitstabellen → Graphische Darstellung
  - Wichtig: Art des Diagramms/Tabelle gut überlegen (Anschaulichkeit vs. Infoverlust)
  - Auch in textlicher und bildlicher Form darstellen

4.3.4 Informationsdeutung

- Nach Strukturen, Funktionen, Prozessen in räumlichen Erscheinungen suchen
- Dekodierung von in Medien dargestellten Informationen
- Bildhafte Medien: Beobachtung-Beschreibung-Ordnung-Erklären-Interpretation
- Karten: Orientierung-Lokalisierung-Messen-Lesen der Legende-Analyse-Darstellen-Erarbeiten von Regelhaftigkeiten

4.3.5 Einsatz von Fachmethoden im GeoU

- Entwicklung geographischer Sach- und Methodenkompetenz → Lehrplan: durch alle Klassen hinweg: Fachspezifische Arbeitsweisen vermitteln
- **Geographische Fragen stellen**:
  - Raumbezogene Fragen: Wo ist etwas? Warum? Wie kam es dorthin? Hängt das mit etwas zusammen, das ich schon kenne? Folgen? Vorteile/Nachteile? Lösung?
  - Wenn möglich: Hypothesen aufstellen

- **Informationsbeschaffung**:
    - o Erhebungen vor Ort: siehe oben + Videoaufnahmen, Orientieren ohne Instrumente /mit geographischen Geräten, Fotografieren
    - o Materialsammlung aus Quellen: Statistiken!!!, S kann sich beim Materialsammeln besser mit U identifizieren → Motivation,
- **Informationsaufbereitung und –darstellung**
    - o Siehe Oben!, Ordnung der Infos nach System: z.B. räumliche Dimension (=Lage), formale Dimension, allgemeingeographische Sachverhalte
    - o Orden nach Formen der Datenpräsentation: visuelle Repräsentationsformen (z.B. Fotos, Skizzen), graphische Medien (z.B. Diagramme, Karten); räumliche Dimension (=Karte)
    - o Verschiedene Darstellungsformen sinnvoll → erfordert von S technisches Können, Kreativität, sach- und Methodenkompetenz
    - o Karten besonders wichtig: S sollten Karten selbst erstellen können → nicht nur dekodieren sondern auch codieren, interpretieren und lesen
    - o Abschließende Analyse sehr wichtig: fördert kritisches Bewusstsein
- **Informationsdeutung**
    - o Erkenntnis von Strukturen, Funktionen, Prozessen
    - o Die zu Beginn gestellten Fragen sollten sich jetzt beantworten lassen können
- **Präsentation und Anwendung der Ergebnisse**
    - o Geographische Zusammenhänge, Lösungsansätze, etc. sollten auch außerhalb des Klassenzimmers für S von Bedeutung sein
    - o Erfolg der Präsentation: hängt von Kommunikations- und Methodenkompetenz der S ab
    - o Metakommunikation am Schluss, Schwachstellenanalyse

5 Entwicklung und Aufbau geographischer Lehrpläne (LP)

5.1 Lehrplan und Curriculum

5.1.1 Traditioneller LP

- Zusammenstellung von U-Inhalten über einen best. Zeitraum, verteilt nach Fächern
- Steuerungsinstrument der obersten Schulbehörde → Reglementierung der L
- Sehr stabil, nur selten größere Änderungen (z. B. Reformpädagogik)
- 50er und 60er Jahre: Lehrplanreform unter Regie der Wissenschaften

5.1.2 Curriculum

- S. B. Robinsohn (60er): Curriculumsdiskussion
- Forderungen der Curriculumsentwicklung:
    - o Beteiligung möglichst vieler gesellschaftlicher Gruppen
    - o Aktualisierung der Inhalte → auf den neuesten Stand bringen
    - o Präzisierung der Aussagen (Angabe der Lernziele, Methoden, Medien, …)
    - o Evaluation der Ergebnisse: regelmäßige Bewährungskontrolle für LP
- Definition: System für den Vollzug von Lernvorgängen, die sich auf definierte und operationalisierte Lernziele beziehen
    - o Lernziele geben Qualifikationen vor, die erreicht werden sollen
    - o Inhalte sind Gegenstände, die für das Erreichen des Ziels notwendig sind
    - o Methoden sind Wege, auf denen Ziel auf optimale Weiser erreicht werden soll

- o Kontrolle/Evaluation meint Überprüfung, inwieweit Ziel erreicht wurde
- „Gefüge aus vielen Komponenten", Zusammenhang von allgemeinen und nachgeordneten Zielen darlegen → pädagogisch, didaktisch und bildungspolitisch begründen
- 2 Curriculumstypen: unterschiedlicher Grad an Verbindlichkeit und Festlegung des Lernprozesses →
    - o Geschlossene Curricula: fixieren Lernziele und –inhalte, methodischen Ablauf und Kontrolle des Endverhaltens, U ist vorkonstruiert
    - o Offene Curricula: größerer Spielraum für L & S, keine Planung von U bis ins kleinste Detail, keine Lernziele, die nur beobachtbares Verhalten überprüfen, Empfehlungen für die Überprüfung des U (vgl. offener U, Projekte, entdeckendes Lernen…)

5.1.3 Heutiger LP

- 70er Jahre: Einführung von CULPs (= curricularer LP)
- Darin enthalten: Lehrinhalte, Lernziele, U-Verfahren, Lernzielkontrollen
- Heute wieder Begriff „Lehrplan", Lernziellisten sehr undetailliert, verbindliche Vorgaben und Freiräume
- Aufbau:
    - o zu Beginn einer Jahrgangsstufe: Lernziele werden beschrieben
    - o Vor jedem Lernabschnitt: spezielle Lernziele + geeignete Methoden/Medien
    - o Inhalt früher in 2 Spalten: links = aus Perspektive des Faches, rechts = aus Sicht des Lehrens und Lernens
- LP = was die Gesellschaft der kommenden Generation mitgeben will
- Verschiedene Interessensgruppen kämpfen um Einfluss auf im LP
- Aufgabe des Staates: Koordination und Orientierung an wissenschaftlichen, pädagogische, bildungspolitischen Theorien
- Legitimationsfunktion: Kultusministerium gibt vor, was S lernen sollen
- Steuerungs- und Orientierungsfunktion: gibt Rahmen vor, in dem sich L bei der Auswahl der U-Inhalte bewegen können

5.1.4 Persönlicher, hauseigener und heimlicher LP

- Jeder L hat persönlichen LP → jede Klasse ist anders → Umdeutung der Vorgaben
- Aus allen persönlichen LP entsteht Profil der Schule: hauseigener LP
- Bezieht auch regionale Besonderheiten auf
- Heimlicher LP: ungewollte Lernergebnissen, die bei S durch Rahmenbedingungen des U hervorgerufen werden → nirgendwo niedergeschrieben, schwer identifizierbar, soziale und affektive Lernziele

5.2 Entwicklung der geographischen LP

- Aufbau der Fachwissenschaft Geo: Dichotomie → Regionale Geo vs. Allgemeine Geo; Physische vs. Anthropo (Trennung teilweise sehr unglücklich!)
- Pädagogische und allgemeindidaktische Gesichtspunkte:
    - o Curriculumstheorie: Vermittlung von Qualifikationen zur Daseinseinsbewältigung
    - o U-Prinzip des Exemplarischen: Mut zur Lücke
    - o Interkulturelle Erziehung, Einsichten in unterschiedliche kulturelle Lebensformen
    - o Globale Erziehung (Fenster in die Welt)

5.2.1 Ansatz „länderkundlicher Durchgang"

- Systematische Anordnung über Jahrgangstufen hinweg in konzentrischen Kreisen
- 1872: Einführung von Erdkunde als selbstständiges Fach
- Von da an: Länderkundliches Prinzip = vorherrschend (bis ca. 1970) → „Entdecken der Erde"
- Abfolge der Länder: „Vom Nahen zum Fernen" → Heimatraum, Bundesland, Deutschland, Nachbarländer, Europa, Afrika, Amerika, sonstiges
- Analytischer Gang jedoch „Vom Fernen zum Nahen"
- **Begründung** für dieses Schema:
  o Aufbau eines erdräumlichen Kontinuums → zusammenhänge Verteilung von Ländern und Kontinenten
  o Vermittlung eines umfangreichen Wissens
  o Vom Bekannten zum Unbekannten
  o Von Einzellandschaft zum Erdganzen
- **Nachteile**:
  o Das räumlich Nahe ist das seelisch Ferne
  o Keine Berücksichtigung der Interessen der S
  o Additive Wdh. immer gleicher Aspekte
  o Exemplarisches und problemorientiertes Wissen wird nicht ermöglicht
  o Wenig Transfermöglichkeiten
  o Abgleiten zur „Erwähnungsgeographie"

5.2.2 Exemplarischer Ansatz

- Bisheriger Ansatz: lediglich Vielwisserei, Stoffüberladung, singuläres Wissen
- 1950-1969: heftige Diskussion über Verwirklichung exemplarischen Lernens
- *M. Wagenschein* (1956): „Mut zur Lücke" und „Mut zur Gründlichkeit, bei begrenzten Ausschnitten intensiv verweilen" → an 1 Bsp. grundlegende Kenntnisse vermitteln, die auch auf andere Sachverhalte angewendet werden können
- Angewandt auf Länderkundlichen Durchgang: **2 Varianten**:
  o Pars-pro-toto-Verfahren: 1 typische Teilregion repräsentiert eine größere Gesamtregion, dem nicht-besprochenen Rest kann man im Überblick behandeln
  o Typisierendes Verfahren: 1 beispielhafter Raum wird als Individuum behandelt, das gleichzeitig exemplarisch für mehrere andere Räume steht, von jedem Typ wird nur 1 Bsp. besprochen (Individuum Sahara steht für Raum Wüste)
- In den 70er Jahren erweitert durch allgemeingeographische Position: verlangt die Herausarbeitung von Elementen an 1 Bsp. → sollen dann auf andere Räume bezogen werden → Elemente haben Aufgabe, Transfers zu ermöglichen

5.2.3 Allgemeingeographischer Ansatz

- 37. Deutscher Geographentag i Kiel 1969 leitet Wende für LP ein: Abkehr vom länderkundlichen Durchgang
- **Kritik** am länderkundlichen Vorgehen:
  o Länderkundliche Singularität: Länder können nur für sich stehen → keine Übertragungsmöglichkeiten
  o Zu beschreibender Charakter → S gibt nur Worte des L wider
  o Traditionelle Reihung der Länder ist nicht schülergerecht!

- **Vorteile** des Allgemeingeographischen Ansatzes:
    - o Nur begrenzte und überschaubare Bausteine einer Landschaft
    - o Rangfolge der Themen: vom Einfachen zum Komplexen
    - o Strukturen gewährleisten stetig steigende Lernanforderungen
- *A. Schulze* maßgeblich an Abkehr vom länderkundlichen Durchgang beteiligt: „Stoffauswahl orientiert sich nicht mehr an Regionen, sondern an geographischen Strukturen" → Seine Theorien heute immer noch für LP wichtig!
- LP-Konzept der allgemeinen Geographie ist keine systematische Abhandlung der einzelnen Faktoren der Allgemeinen Geo! Dennoch: Erkenntnisse werden nicht losgelöst, sondern angebunden an konkrete Räume

5.2.4 Sozialgeographischer Ansatz

- Soz-Geo in D in den 20er Jahren aufgekommen, erst in den späten 60ern für LP interessant *(F. Schaffer, K. Ruppert)*
- Nicht der einzelne Mensch betätigt den Raum, sondern immer **soziale und verhaltenshomogene Gruppen** → Einteilungskategorien für diese Gruppen = DGF
- *Schaffer und Ruppert*: DSG lassen sich als Teilbereiche der Anthropogeo zuordnen → hat Einfluss auf den GeoU erleichtert
- **Stellung des Raumes**: vom Geodeterminismus zur „Registrierplatte menschlicher Aktivitäten"
- Betonung des Prozesses → Faktor Zeit wird wichtig! → prognostische und planerische Möglichkeiten
- Sekundarstufe 1: DGF v. a. zur Erfassung komplexer Strukturen und zur Verdeutlichung von Konflikten verwendet
- **Kritik** am sozialgeographischen Ansatz:
    - o Nur die Anwendung der DGF führt zu einer ähnlichen Systematik wie das länderkundliche Schema
    - o Überlagerung mehrerer DGF
    - o Nicht nur DGF sollen Gegenstand des GeoU sein, sonder auch die mit ihnen verbundenen Strukturen
- **Positives**:
    - o DGF können v. a. in der GS im fächerübergreifenden U die Rolle der Suchinstrumente übernehmen
    - o Knüpfen an unmittelbare Erfahrungswelt der S an
    - o Regt zu raumorientierten Überlegungen an

5.2.5 Curricularer Ansatz (Lernzielorientierung)

- *S. B. Robinsohn:* S sollen in der Schule das lernen, was sie im Leben wirklich brauchen → LP sollen nach Qualifikationen konstruiert werden
- LP wird so angeordnet, dass er Qualifikationen voneinander trennt: solche, die auf gegenwärtigem Stand der S nützen und solchen, die der Zukunft der S nützen
- **Verfahren der LP-Erstellung** nach *Robinsohn*:
    - o Welche Lebenssituationen hat S heute und in Zukunft zu erwarten?
    - o Welche Qualifikationen für die Bewältigung der Situationen kann GeoU bieten?
    - o Welche Lerninhalte eigen sich, diese Qualifikationen zu vermitteln?
- Letztendlich: Ziel nicht erreicht

- Einfluss auf heutigen LP: Zusatz, welche Einsichten, Fähigkeiten und Einstellungen der S an einem Thema erfahren soll

5.2.6 Thematisch-regionaler/regionalthematischer Ansatz

- Didaktik tut sich schwer damit, die Bedeutungen von Regionaler und Allgemeiner Geo genau zu definieren → inzwischen ist Regionale Geo in unterschiedlich starkem Maß in die allgemeingeographischen Curricula eingedrungen (= **Thematisch-regionaler Ansatz)**
- Dabei hat **Allgemeine Geographie folgende Aufgaben**:
  - Hilft S geographische Inhalte zu kategorisieren
  - Erlaubt Beschränkungen auf das Exemplarische
  - Behandelt allgemeingeographische Erkenntnisse an singulären Bsp., wobei Erkenntnisse auf andere Bereiche übertragen werden können
- **Funktionen der Regionalen Geographie**
  - Transfer allgemeingeographischer Erkenntnisse ist durch die regionalen Besonderheiten nur beschränkt möglich
  - Verflechtung einzelner allgemeingeogr. Kenntnisse
  - Es muss S aber immer klar sein, dass nur eine Auswahl an geogr. Faktoren besprochen wird
- Beide Teilbereiche voneinander abhängig, sowohl in Wissenschaft als auch im LP
- **Betonung des thematischen Aspekts**: allgemeingeogr. Thema wird gestellt (z.B. Auswirkungen von Hitze und Trockenheit) → an regionalen Bsp. erarbeitet
- Allgemeingeogr. Aspekte bestimmen inhaltliche Schwerpunkte, regionale Bsp. sind frei wählbar (idealerweise nach Interesse der S)
- **Betonung des Regionalen Aspekts**: bilden die wichtigsten Übungsräume die Fundgrube für Fall- und Raumbsp. (z.B. Deutschland, Europa, Afrika, USA)
- An Raumbsp. Werden dann allgemeingeogr. Zusammenhänge erarbeitet
- Dieser Ansatz = **Regional-thematischer Ansatz**: in regionaler Anordnung werden Themen der allgemeinen Geo miteinander verbunden
- Thematisch-regionaler Ansatz dominiert in den Curricula von NRW und Hessen, der regional-thematisch in BaWü und Bayern
- **Wenn regionaler Aspekt stärker betont:**
  - **Problemländerkunde**: Problemstellungen ergeben sich aus interdisziplinären Ansichten (allgemeine Geo / Politik / Gesellschaft / Wirtschaft), strukturiert Lerngegenstand nach jeweiligem Interesse, versucht, räumliche Konfliktfelder zu erfassen; z.B. Staat Israel
  - **Kulturerdteile**: wenn Raumwirksamkeit von Ideologien betrachtet wird → Konzeption der Kulturerdteile, Verbindendes Kriterium: Element der Natur oder Kultur, gemeinsame Traditionen, v. a. Religion
  - Regionale Abfolge: weil so praktisch: Prinzip **„Vom Nahen zum Fernen"** wieder aufgenommen;
    Dagegen: Prinzip **„Vom Einfachen zum Komplexen"**: weder allgemeine noch regionale Geo bieten hier gute Ansätze; Komplexität abhängig von den Fragen und Zielen → zunehmend komplexere Lernziele; auch vorherrschende geographische Betrachtungsweise sollte komplexer werden → auch Raumverständnis kann im Niveau ansteigen

<u>5.2.7 Regional/global-thematischer Ansatz</u>
- Viele Impulse, die LP-Gestaltung zu überdenken, z.B.
    - o Intensivierung des Topographielernens
    - o Stärkere Betonung der Regionalen Geo
    - o Stärkere Einbindung der Physischen Geo
    - o Mehr Bedeutung für das Thema „Europa"
    - o Fächerverbindendes Lernen
    - o S- und Praxisorientierung
    - o Stärkere Berücksichtigung der Umwelterziehung
    - o Stärkere Einbindung des Interkulturellen Lernens
    - o Berücksichtigung des globalen Lernens
- Einige der Ansätze in den neuen LPs schon verwirklicht, andere (z. B. globales Lernen) betreffen gesamte LP-Struktur und LP-Abfolge
- Die regionalen Schwerpunkte jeder Jahrgangsstufe sinnvoll, da topographisches Gedächtnis aufgebaut wird
- **Erdkundeunterricht in der Sekundarstufe I**:
    - o Strenge Abfolge des Prinzips „Vom Nahen zum Fernen" entspricht nicht den S-Interessen → anders gegliedert:
    - o Vom Fernen zum Nahen: Kosmos, Erde, Deutschland, Nahraum
    - o Weiter zum Fernen: Europa, Orient, Schwarzafrika, Süd-/ Südostasien, Australien, Russland, Anglo- und Lateinamerika
    - o Zurück zum Nahen: Deutschland in der Welt / Nahraum
- Dieses System: größtenteils auf Kulturerdraumkonzeption aufgebaut, aber auch andere Prinzipien vorhanden, z.B. Abfolge der Kulturerdteile gemäß den Klimazonen
- Im Verlauf der Jahre auch allgemeingeographische Erkenntnisse sammeln: nicht ohne Probleme möglich da nicht alle Regionen die optimal geeigneten Raumbsp. Zulassen
- Deshalb: Nahthemen und Fernthemen miteinander verbinden
- **Verlauf einer U-Einheit:**
    - o Einstieg: Fernthemen, die S besser interessieren und an denen die Strukturen deutlicher gemacht werden können sollen zur Problemstellung führen
    - o Erarbeitung: Themen aus Nah- & Fernraum gegenüberstellen, miteinander vergleichen (regionales Bsp. des LP-Bezugraumes sollte aber im Mittelpunkt stehen)
    - o Anwendung: vergleichende Ausweitung der erarbeiteten Inhalte auf andere Bsp. → Verbreitung des Phanomens weltweit, Vergleich mit anderem Phänomen: Gemeinsamkeiten und Unterschiede
- Exemplarische Vergleiche auch am Schluss einer Unterrichtsreihe möglich
- **Verschiedene Maßstabsdimensionen des räumlichen Transfers:** z.B. „Meine Heimatstadt" → Erarbeitung der Merkmale einer Stadt und anschließender Transfer auf Deutschland, Europa, Welt, …
- **Globale Vernetzung i.e.S.:** durch den räumlichen Vergleich werden nicht nur allgemeingeogr. Erkenntnisse gewonnen, sondern auch Globalisierungstendenzen, globale Probleme, … aufgezeigt

<u>5.3 Aufbau des LP nach dem Spiralmodell</u>

- LP darf nicht nur Aneinanderreihung von Themen sein, es braucht eine sinnvolle Verknüpfung
- Wichtigste Leitlinie aus didaktischer Sicht = vom Einfachen zum Komplexen
- Wesentliche Orientierung bei der LP-Gestaltung an **Curriculumsdeterminanten**:
  - Individuum – Wissenschaft – Gesellschaft
- Zur Strukturierung von LP: seit den 70er Jahren: einige Modelle: Säulen-Modell, Spiralfeder-Modell, Rampen-Modell, Lichtkegel-Model, Stufen-Modell
- *D. Richter*: **Strukturelemente des Spiralmodell**:

<u>5.3.1 Lernplateaus</u>

- LP soll in bestimmte Lernplanstufen aufgebaut sein, diese Stufen: klar voneinander getrennt in vertikaler Hierarchie (vom Einfachen zum Komplexen)
- Kriterien: Geographische Betrachtungsweisen, Geographische Strukturen, Geographische Raumeinheiten → genau siehe S. 138 unten

<u>5.3.2 Lehrplansäulen</u>

- = verschiedene fachliche Lernbereiche des LP, sowohl Inhalte als auch Methoden
- Anzahl und gegenseitige Abgrenzung nicht zwingend festgelegt
- **Fachinhaltliche Lehrplansäulen:**
  - Physische Geo: Geomorph, Klima, Vegetation
  - Anthropogeo: Bevölkerung, Wirtschaft, Stadt, Tourismus, Umweltökologie, Topographie
  - Regionale Geographie
- **Fachmethodische Lehrplansäule:**
  - Fachspezifische und fachübergreifende Arbeitstechniken
  - Infobeschaffung, -aufarbeitung, -darstellung, -deutung, Präsentation der Ergebnisse
  - In der Regel mit Fachinhaltlichen Säulen verknüpfbar
- **Unterrichtsprinzipien**: Umwelterziehung, Nachhaltigkeit, Interkulturelle Erziehung
- Gegenseitig Anordnung: innerhalb jeder Säule folgt nach verschiedenen Kriterien:
  - Vertikale Hierarchie: vorausgehende Inhalte/Methoden dienen als Grundlage für die folgenden Inhalte/Methoden → Reihung: Vom Einfachen zum Komplexen,
  - Zunehmende Komplexität: an der Größe der jew. Raumindividuen darzustellen: mikro-, meso-, makro-, megatope Raumindividuen (Siehe Kasten 5.4, S. 140)

<u>5.3.3 Lernspirale</u>

- Vertikal abgestuftes Gefüge von Lernstufe zu Lernstufe → immer komplexer
- Es muss zwangsweise ein Verflechtungsgefüge zwischen einzelnen Säulen entstehen: landwirtschaftlichen Nutzung kann nur mit Naturfaktoren verstanden werden
- Vertikale Verknüpfungen innerhalb jeder Säule und horizontale Verknüpfungen zwischen den Säulen → Spiralform entsteht
- **Lernspirale** = kontinuierlicher Lernprozess über sämtliche Jahrgangsstufen
- Grundlehrplan Geographie: intensive Verwirklichung der Idee: Lernplateaus und Lernsäulen, Gesamtkonzept nicht aneinander gereiht, sondern logisch miteinander verknüpft

- Bisher aber kaum im konkreten LP angewandt, aber z.B. im LP RS: verschiedene Säulen, die in allen Klassen zum Tragen kommen, z.B. Fenster in die Welt, Veränderung von Oberflächenformen, Wetter und Klima, Nachhaltigkeit, …

5.4 Grundsätze zukünftiger Lehrplangestaltung

5.4.1 Bildungsstandards und LP

- **Bildungsstandards** beziehen sich auf die Ergebnisse Lehr- und Lernprozesse
- LP haben zeitliche Steuerungsfunktion, d.h., sie geben an, welche Inhalte, Themen, in welcher Reihenfolge, … behandelt werden und welche Kompetenzen auf welchen Stufen zu erwerben sind
- Teilweise haben nationale Geographie-Standards zur Verbesserung der Geographielehrerausbildung geführt und zur Herausbildung von modernen U-Methoden (z.B. USA)

5.4.2 Bezugssystem der LP-Gestaltung

- Auch in Zukunft orientiert sein an:
- **Gesellschaft**:
    - Verlang von Schule Vorbereitung der S auf mündiges Verhalten
    - Allgemeine Bildungsziele müssen aufgegriffen werden
- **Schüler**:
    - LP müssen S schrittweise zu Kenntnissen, Fähigkeiten und Fertigkeiten erziehen
    - Freiräume für Mitwirkung bieten
    - Auf das Lern- und Leistungsvermögen der S ausgerichtet sein
- **Wissenschaften**:
    - Wesentliche Bezugspunkte im Schulfach Geographie
    - Wissenschaftlicher Hintergrund, dient der logischen Lernstufung

5.4.3 Zielsetzungen des GeoU

- Aufgabe = S über verschiedene Kompetenzbereiche zu raumbezogener Mündigkeit und Raumverhalten zu führen
    - Sachkompetenz: Kenntnis und Verständnis von „Welt"
    - Methodenkompetenz: Förderung von geogr. Fähigkeiten und Fertigkeiten
    - Moralkompetenz: Aufgeschlossenheit für alles ethische Kategorien, Schönheit und Vielfalt der Natur, Gleichberechtigung aller Menschen
    - Sozialkompetenz: Fähigkeit und Bereitschaft zur Kommunikation
    - Handlungskompetenz: Fähigkeit und Bereitschaft, Probleme aktiv und sachgerecht zu lösen
- Bildungsstandards im Fach Geographie: Kompetenzbereiche, die sich jedoch oft überschneiden

5.4.5 Entscheidungskriterien für die Auswahl und Anordnung im Rahmen der LP-Gestaltung

- Such- und Prüfungsinstrumente: begründete Auswahl von möglichen LP-Elementen
- Sie dienen als offene Zusammenstellung und sollen zukünftige LP-Gestaltungen plausibler machen
- **Auswahlkriterien für Räume im LP**
    - Bedeutsamkeit, Schülererfahrung
    - Exemplarität, Maßstabswechsel, Ausgewogenheit, Topographische Abdeckung

- **Auswahlkriterien für Themen im LP**
  - o Bedeutsamkeit, Schülererfahrung
  - o Fachliche Erschließungsmöglichkeiten, Fachliche Betrachtungsweisen, Exemplarität, Ausgewogenheit
- **Anordnungskriterien für die Lernstufen im LP**
  - o Altersgemäße Interessenbezogenheit, Grad der Lernanforderung
  - o Sachabhängige Lernfolgen, Komplexität, Abstraktion, Fachliche Betrachtungsweisen, Einbettung von Fallbeispielen, Regionale Abfolge, Maßstabsebenen

6 Ziele des Geographieunterrichts

6.1 Geschichte der Lernzieltheorie

- Lernziele immer dann verfolgt, wenn nach dem WOZU? gefragt wird
- Z. B. lernzielorientierte Didaktik: Priorität für Lernziele in der Hoffnung, Lernen möglichst effektiv werden zu lassen

6.2 Begründung geographischer Lernziele (LZ)

- Gültiges Paradigma bei LZ-Findung: zu fachlich bedeutsamen Inhalten sinnvolle Ziele formulieren, die irgendwie zur Bewältigung des Lebens beitragen
- Heute: Anlehnung an didaktischen Strukturgitteransatz (= LZ müssen gesellschaftsorientiert, schülerspezifisch und fachwissenschaftlich sein) →
  - o **Gesellschaftsrelevanz**: Normen → Verhaltensdispositionen (Mündigkeit, Selbstständigkeit…), manchmal wird Grundgesetz zitiert
  - o **Lebensrelevanz**: aus Erfahrungen der Vergangenheit sollen S befähigt werden, gegenwärtige und zukünftige Probleme zu erkennen → zur Lösung: Schlüsselqualifikationen
  - o **Schülerrelevanz**: LZ müssen Interessen der S entsprechen, aus lernpsychologischen und soziokulturellen Hintergründen der S zu entnehmen
  - o **Fachrelevanz**: Einsichten in raumrelevante Inhalte und Strukturen, Methodik
  - o **Didaktische Situationen und Traditionen**: neue LP bauen auf Tradition der alten auf, völlig neue Konzeption von LP, Schule, L-Bildung = „wirklichkeitsfremd"

6.3 Begriffsbestimmung Lehrziel / Lernziel

- **Lehrziel**: von LP-Kommission oder L ausgewählte Ziel
- **Lernziel**: wenn S motiviert ist, Absicht des L übernimmt und sich selbst zum Ziel setzt
- → gleiche Sache, unterschiedliche Perspektive
- Klassifikation von Lernzielen (siehe die nächsten 3 Kapitel)

6.4 Taxonomie nach psychischen Lernbereichen oder –dimensionen

- o Taxonomie = Ordnungsschema, das nach best. Prinzip geordnet ist
- o **Kognitive** LZ: beziehen sich v. a. auf den Lernbereich des Wissens, der Erkenntnisse; beschreiben Verhalten, das die Wahrnehmung, Gewinnung, Verarbeitung und Reproduktion von Wissen betrifft (Fakten, Regeln, Gesetzte, Interpretation)
- o **Instrumentale / instrumentelle** LZ: Charakter von Instrumenten, die zur Bewältigung on Lernprozessen dienen, Medienkompetenz wird aufgebaut, Arbeitstechniken

- o **Affektive** LZ: nicht auf Gefühle beschränkt, sondern auch Einstellungen, Werthaltungen, fordern zu wertender Stellungnahme und Urteilsbildung heraus, aber auch zur Sensibilisierung
- o **Soziale** LZ: zwischenmenschlichen Verhaltensweisen, Partner- und Gruppenarbeit, in jüngster Zeit zunehmende wichtig!
- o **Aktionale** LZ: Änderung des konkreten Handelns aufgrund der gelernten Inhalten, Umwelterziehung, Interkulturelles Lernen, Projekt,
- o **Affirmative** LZ: Grundwissen, Basiskönnen, (spielt in der konkreten U-Planung so gut wie keine Rolle, wird weder in Fachdidaktiken noch in EWS verwendet → man kann drauf verzichten)
- o Taxonomien sollten sich nicht gegeneinander abschotten, sondern Verbindungen knüpfen
- o Einstieg: L wählt Affekt, indem er Foto auf S einwirken lässt, wenn sich S fragen, ob ihnen Bild gefällt → kognitive + instrumentale Komponente
- o Im Idealfall: Verschränkung aller LZ im U
- o Überprüfung von kognitiven LZ am einfachsten, affektive LZ kaum überprüfbar

6.5 Klassifikation nach dem Abstraktionsgrad (Lernzielhierarchie)

- Folgende Hierarchie hat sich in der Geo-Didaktik durchgesetzt:
- Regulative Ziele (**Leitziele**): befassen sich mit Erziehung in der Schule als Ganzem, Mündigkeit, Selbstbestimmung, Mitverantwortung, sollten grundsätzlich den gesamten U steuern, in Geo: Raumverhaltenskompetenz, Bewahrung der Erde, Überleben der Menschheit
- **Richtziele**: sehr geringer Grad an Eindeutigkeit und Präzision, z.B. Menschen prägen Räume durch verschiedene Aktivitäten, kann sich auf versch. Kulturerdteile und Landschaften beziehen, können auch thematischen Aspekt einer größeren U-Reihe meinen
- **Grobziele**: mittlerer Grand an Eindeutigkeit, Inhalte jedoch stärker festgelegt, z.B. Amerikanische Stadt und „American Way of Life"; beziehen sich auf einen thematischen Bereich und die zeitliche Behandlungsdauer einer U-Stunde
- **Feinziele / Teilziele**: schließen alle Alternativen aus, Angabe der Inhalte, Bedingungen und Operatoren → detaillierte Angaben über erwarteten Lernerfolg, beschreiben Teilabschnitte einer U-Einheit (daher auch Teilziele)
  Feiner Unterschied: Feinziele = alle Verhaltensbereiche, Teilziele = v.a. auf kognitiven Bereich, z.T. auch affektiven und aktionalen Bereich beschreiben
- Formales **Ordnungsschema**, bei dem die Inhalte von den über- und untergeordneten Zielen in kleiner Teile zerlegt werden
- Auch jeweils andere **Funktionen**: Leitziele und Grobziele spiegeln Leitzielsystem wider, Grobziele haben LP-Bildungsniveau, Feinziele dienen täglicher U-Arbeit
- Rinschede schlägt eigenes Ordnungssystem zu, siehe S. 156

6.6 Operationalisierung der LZ

- Operationalisierung = eindeutige, überprüfbare Beschreibung zielgerichteter sinnvoller Handlungseinheiten des S für den Lernprozess im U
- **Bestandteile** von operationalisierten LZ:
  - o Inhalt: Was soll gelernt werden?
  - o Beschreibung des Endverhaltens
  - o Angabe von Mitteln/Bedingungen

- o Aufstellen eines Bewertungsmaßstabes
- im GeoU: Nennung eines Bewertungsmaßstabs ist nur selten möglich und sinnvoll
- **Gegen** strenge LZ-Operationalisierung spricht:
  - o Präzise formulierte LZ engen den L stark ein ⇔ LZ kann während des U verändert werden
  - o Manipulation der S, sie können U nicht mitbestimmen ⇔ U wird für S transparenter, Freiheitsraum der S wird nicht eingeschränkt
  - o Orientieren sich nur an überprüfbarem Verhalten ⇔ stimmt, schöpferische Fähigkeiten können nur schlecht formuliert werden
  - o LZ-orientierter U beschränkt sich auf Faktenwissen ⇔ deshalb: öfter Operatoren wie „ableiten" statt Operatoren wie „nennen, aufzählen"
- **Vorteile** der LZ- Operationalisierung:
  - o Erleichtert dem L Kontrolle, Anhaltspunkte für Effizienz des U
  - o Lernstrategien werden optimiert
  - o L wird gezwungen, sich auf Aktivität der S hin zu orientieren
  - o S wird über das informiert, was geprüft werden kann
  - o Leistungsvergleich zw. 2 Klassen möglich
  - o U wird transparenter → S sind motivierter
  - o S wird mit Zielen uns Anspruchsniveau vertraut gemacht
- Operatoren = beschreien, erfassen, verstehen, erklären, bewerten, beurteilen, übertragen, anwenden, sich einsetzen für…

6.7 Hierarchisierung innerhalb der Lernbereiche (LB)

- Kriterium, nach dem Hierarchie erstellt wird, ist unterschiedlich:
  - o **Kognitiver** LB: LZ nach Grad der Komplexität unterschieden; einzelne Stufen: Kenntnis → Verständnis → Anwendung → Analyse → Synthese → Beurteilung
  - o **Instrumentaler** LB: LZ nach Grad der Koordination bzw. Sicherheit des Verhaltens unterschieden; einzelne Stufen: Fähigkeit → Fertigkeit → Beherrschung/ Gewohnheit → Anwendung best. Arbeitsweisen
  - o **Affektiver** LB: LZ nach Grad der Internalisierung / Anmutungsqualität unterschieden; Stufen : Aufmerksamwerden → Reagieren → Werten → Organisation → Aufbau einer Wertstruktur → Engagement für eine Sache
  - o **Aktionaler** LB: LZ nach Grad der Intensität des räumlichen und zeitlichen Handelns unterschieden; Engagement für eine Sache lässt sich auch hier einordnen, Stufen der Intensität werden nach räumlichen und zeitlichen Gesichtspunkten gegliedert
- *Der Deutsche Bildungsrat* formulierte für den kognitiven Bereich folgende Stufen von LZ:
  - o Reproduktion: Wiedergabe von Sachverhalten aus dem Gedächtnis
  - o Reorganisation: Selbstständige Neuordnung von Sachverhalten zu einer neuen Struktur
  - o Transfer: Übertragen von bekannten Zusammenhängen auf neue Sachverhalte
  - o Problemlösen: Finden neuer Erklärungen für bekannte Sachverhalte

<u>6.8 Lernziele im U: Beispiel</u>

- Regulatives Ziel/Verhaltensdisposition: „Sich für den Erhalt verschiedener Kulturen einsetzten wollen" z. B. in der 7./8. Klasse angesprochen (allgemein: Interkulturelles Lernen)
- Richtziel / Ziel der U-Reihe: „Kulturerdteil Schwarzafrika kennen lernen"
- Grobziel: „Leben in Schwarzafrika: Historische und politische Verhältnisse sowie soziale und wirtschaftliche Probleme kenn lernen und erklären" → Ziel von 2-3 Stunden
- Ziel der U-Stunde oder Doppelstunde: nur die neueren, sozialen oder wirtschaftlichen Probleme in den Vordergrund stellt
- Kognitive Feinziele: gliedern die U-Stunde in Teilschritte, Probleme – Gründe – Entwicklungsmaßnahmen – Hilfsmaßnahmen
- Instrumentale Feinziele: Inhalte erfassen, die in verschiedenen Medien verschlüsselt sind
- Affektive Feinziele: „Sich in die schwierige Situation der Kinder in Schwarzafrika hineinversetzten können" , „Durch aktive Maßnahmen versuche, Hilfe zu leisten"
- Soziale Feinziele: Partner-, Gruppenarbeit, Rollenspiel

<u>6.9 Lernziele, Schlüsselqualifikationen, Kompetenzen und Schlüsselprobleme: Gebäude des Lernens</u>

- **Lernziele**: Verfolgung von LZ hat Funktion, Schlüsselqualifikationen zu erwerben
- **Schlüsselqualifikation/Lernkompetenz**: Voraussetzungen für ein erfolgreiches berufliches und nicht-berufliches Leben und zur Erfüllung von Aufgaben in der Gemeinschaft ; „Lernkompetenz" verdrängt „Schlüsselqualifikation, weil v. a. Selbstständigkeit wichtig ist
- Grundqualifikationen: ständig neue überarbeitet und neu interpretiert worden → **Kardinalstugenden**:
  Mäßigkeit – Tapferkeit – Gerechtigkeit - Weisheit/Klugheit
- Berufsbezogene Schlüsselqualifikationen: z.B. (selbstkritisch) Denken, Zusammenhänge erkennen, Selbständigkeit, Entscheidungsfreudigkeit, Erkennen der eigenen Grenzen, ...
- Allgemeine Schlüsselqualifikationen vs. Fachliche Schlüsselqualifikationen
- **Handlungskompetenz**: bezeichnet die Fähigkeit und Bereitschaft zum Handeln, „Operationalisierung der Schlüsselqualifikationen", auf neue Anforderungen flexibel und selbständig reagieren können, bereits erworbene Teilkompetenzen nutzen
- **Kompetenzformen**: Sach-, Methoden-, Moral-, Sozialkompetenz
  - o **Sachkompetenz**: =kognitive bzw. fachinhaltliche Kompetenz, Beherrschung von Sachwissen, aber auch funktionale Zusammenhänge der Sache, und die Genese beherrschen, Fächerübergreifendes Wissen
  - o **Methodenkompetenz**: = instrumentale Kompetenz, nicht nur aufs Fach zugeschnittene, sondern auch fachübergreifende Fähigkeiten und Fertigkeiten, verfügt auch über unterrichtsmethodischen Teil: Vertrautsein mit best. U-Methoden
  - o **Moralkompetenz**: = emotionale Kompetenz, Ergriffensein und Angezogenwerden, schöpferische Kreativität, positive Arbeitshaltung, psychische Stabilität, positive Wertvorstellungen, effektive Lebens- und Naturbejahung
  - o **Sozialkompetenz**: sich in Gemeinschaft zurechtzufinden, Kontakte aufzunehmen, Rücksicht nehmen, ohne die eigenen Wünsche zu vernachlässigen
- **Schlüsselprobleme**: GeoU soll zur Lösung von Schlüsselprobleme beitragen
  - o **Schlüsselproblem** = die Probleme der gemeinsamen Gegenwart und der voraussehbaren Zukunft, über deren Notwendigkeit zur Bewältigung bei allen am Bildungsprozess Beteiligten Konsens herrschen sollte

- o Müssen immer wieder neu formuliert werden
  - o Deutlicher geographischer Bezug bei: Umwelt- und Ressourcenzerstörung und ih-
    re Erhaltung, soziale Ungleichheit, Völkerverständigung, Demokratisierung, Ar-
    beitslosigkeit, Perspektiven und Gefahren der neuen Medien, Umgang mit Min-
    derheiten, Arbeit und Freizeit, und dergleichen mehr
- **Gebäude des Lernens**: (Siehe Seite 169)
  - o Darstellung, die zeigt, in welchem Zusammenhang das Lernen im U mit den
    Schlüsselproblemen steht! Eigener Entwurf von Rinschede

7 Methoden im Geographieunterricht

7.1 Didaktische Modelle und Unterrichtsmethoden

- Bildungstheoretische Didaktik/ Kritisch-konstruktive Didaktik (Klafki):
  - o Did. Analyse (nicht methodische) ist eigentlicher Kern der Unterrichtsvorbereitung
  - o Erst in einer Neufassung der alten didaktischen Analyse geht Klafki auf die me-
    thodische Strukturierung bzw. die Strukturierung des Lehr-/Lernprozesses ein; je-
    doch fehlt ein Klassifikationsschema zur Ordnung der Methodenvielfalt
- Lehr-/lerntheoretische Didaktik/ „Berliner Schule" der Didaktik (Heimann, Otto, Schulz):
  - o Gegenmodell zur bildungstheoretischen Didaktik; Betonung der Unterrichtsme-
    thoden und Medien
  - o Folgende Entscheidungen sind zu treffen:
    - Artikulation des Unterrichts
    - Verfahrensweisen bzw. Methodenkonzeptionen (deduktiv, induktiv)
    - Sozialformen
    - Aktionsformen (Vortrag, Gespräch)
    - Urteilsformen des Lehrers (Unterrichtsstil: Lob, Tadel, Ermahnung)
    - Medienfrage
- Kybernetisch-informationstheoretische Didaktik (F. v. Cube):
  - o Reduktion auf Methodik
  - o Methode = festgelegte Abfolge von Steuerungsmaßnahmen
  - o Strategieplanung ist die zentrale Aufgabe der Unterrichtsplanung zur Erreichung
    der Ziele
- Lernzielorientierte Didaktik:
  - o Auswahl und Entwicklung von Unterrichtsmethoden und –medien zur optimalen
    Erreichung der Ziele
  - o Methode = Beschreibung des Weges, um Lernziele zu erreichen
  - o Den verschiedenen Unterrichtsziel-Kategorien (kognitiv, affektiv, psychomoto-
    risch) werden bestimmte Lehrmethoden zugeordnet
  - o Entscheidung für bestimmte Unterrichtsmethode hängt von den Lernzielklassen,
    Lernvoraussetzungen der SS sowie den Vorkenntnissen und Präferenzen der
    Lehrer ab
  - o Situative Bedingungen (Raum; Zeit, Personen etc.) müssen berücksichtigt werden
- Kritisch-kommunikative Didaktik:
  - o Mittelpunkt: zwischenmenschliche Kommunikation im Unterricht
  - o Kommunikationsfaktoren im Unterricht: 5 Pole:
    - L = Lehrer, T = Teamlehrer, S = Schüler, M= Mitschüler, G = Gegenstand

- Es gibt Methoden, denen eine zweipolige, dreipolige, vierpolige oder fünf-
    polige Interaktion zugrunde liegen
- Neue didaktische Konzepte:
  - Schülerorientierter, handlungsorientierter und fächerübergreifender Unterricht
  - Seit 70er Jahren: Forderung nach „offenem Unterricht":
    - Flexible oder sogar freie Lernorganisation
    - Zurücknahme des Frontalunterrichts zugunsten mehr schülergesteuerter
      Unterrichtsmethode
  - Idealform: Projekt

7.2 Definition und Klassifikation

- **Definition Unterrichtsmethode**:
    Formen und Verfahren, in und mit denen sich Lehrer und Schüler die sie umgebende
    natürliche, soziale und kulturelle Wirklichkeit unter institutionellen Bedingungen der
    Schule aneignen →Frage nach dem „wie"
- Methodisches Handeln dient der zielgerichteten Erschließung von Sachinhalten, der
  Entwicklung der Denk- und Lernfähigkeit, der sozialen Interaktion sowie der Gewinnung
  von neuen Einsichten und Verhaltensweisen
- Fachspezifische Arbeitstechniken (Luftbildinterpretation) oder auch fachunabhängige
  Arbeitstechniken sollten inhaltlich nicht den Unterrichtsmethoden zugeordnet werden
- Unterrichtsmethoden:
  - **Unterrichtsmedien**: Teilaspekt der Methodenproblematik
  - **Methodische Prinzipien** steuern die optimale Vermittlung im Unterricht werden
    dem Bereich der Unterrichtsmethoden zugeordnet
  - **Artikulationsstufen bzw. Verlaufsformen des Unterrichts**: Darstellung des
    zeitlichen Lehr-/Lern Weges
- **Sozialformen** gehören nicht zu den Unterrichtsmethoden, sie beschreiben nur die Be-
  ziehungen zwischen den Akteuren, die in den verschiedenen Unterrichtsmethoden han-
  delnd tätig werden; aber
- **Unterrichtsverfahren: Organisationsformen der Unterrichtsinhalte**
- **Themenbereiche der Unterrichtsmethoden:**
  - **Methodische Grundformen (=methodische Kleinformen):**
    - Sozialformen (Einzelarbeit, Partnerarbeit, Gruppenarbeit, Frontalunter-
      richt, Großgruppenunterricht)
    - Aktionsformen (darbietende/erarbeitende Aktionsform, entdeckenlassende
      Aktionsform)
    - Unterrichtsverfahren: Organisationsformen der Unterrichtsinhalte (indukti-
      ves/deduktives Verfahren, idiographisches/nomothetisches Verfahren)
    - Artikulations- oder Verlaufsformen (Einstiegsphase, Erarbeitungsphase,
      Sicherungsphase, Anwendungsphase, Kontrollphase)
  - **Methodische Großformen:**
    - Exkursionen
    - Projekte
    - Moderationsmethoden
    - Spiele
    - Stationenlernen/Lernzirkel
    - Experimente

- Methodische Großformen haben eine innere Struktur und Zielorientierung aufgrund derer sie charakterisiert werden können; sie setzen sich aus den methodischen Grundformen zusammen (Überblick vgl. S. 171 Systematik der Unterrichtsmethoden)

7.3 Methodische Prinzipien

- **Definition Unterrichtsprinzipien (vgl. 2.2.1):**
  regulative Grundsätze zur optimalen Auswahl, Anordnung und Vermittlung von Inhalten des Unterrichts
- **Definition didaktische Prinzipien:**
  Allgemeine, regulative Grundsätze, die der Auswahl und Anordnung von geographischen Inhalten auf den oberen Ebenen der Lehrplangestaltung und Unterrichtsplanung zugrunde liegen. Mit den ziel- und inhaltsorientierten Leitfragen Wozu? und Was? Warum? betreffen sie primär die Ziel- und Inhaltsstruktur des Unterrichts.
- **Definition methodische Prinzipien:**
  Bestimmungsfaktoren des Unterrichts, die sich auf die Art und Weise, wie der begründet ausgewählte Inhalt zur Erreichung der gesetzten Ziele den Schülen vermittelt werden soll. Die Leitfragen sind Wie? und Womit?
- Unterrichtsmethodische Vorgehen betrifft: methodische Grundformen + Unterrichtsmedien

7.3.1 Realbegegnung

- **Definition Realbegegnung:**
  Lernen an konkreten Gegenständen und realen Gegebenheiten, das im außerschulischen Unterricht im Geländer vor Ort und im Klassenzimmer o. Ä. stattfindet
  → wurde bereits von Comenius und Rousseau unterstützt
- Geographie: Realbegegnung = Lernen vor Ort
- Realbegegnung wird of mit „Originale Begegnung"(nach Roth) gleichgesetzt:
  o Genetische Grundlegung allen Lernens
  o Schüler und Gegenstand gelangen in ursprünglichen, fesselnden Kontakt
    → Betroffenheit, Problembewusstsein, Frage- und Infragestellung
  o SS sollen sich nicht mit vorgegebenen Ergebnissen auseinandersetzten, sondern mit den originalen Problemen → Lösung suchen
  o Nicht das Ergebnis ist der Lerngegenstand, sondern die Vorgänge dorthin
- Bsp.: Kartenverständnis:
  o Realbegegnung: genügt wenn man Anfang der Unterrichtsreihe den Schülern eine gedruckte Karte vorliegt → Anwendung der Karte beim Unterrichtsgang
  o Originale Begegnung: SS müssen erst die Entstehung einer Karte erfahren (genetisches Lernen)
- Große Bedeutung der Realbegegnung für den Geographieunterricht:
  o Originale Gegenstände werden zur Veranschaulichung/Erarbeitung mit in den Klassenraum gebracht
    → Demonstrationsobjekte für Lehrer und Untersuchungsobjekte für SS
  o Experten im Klassenzimmer als Teil der räumlichen Wirklichkeit
- Realbegegnung vor Ort im außerschulischen Unterricht →dient dem Erarbeiten geographischen Fragestellungen im realen Raum;

Das Prinzip der Realbegegnung unterliegt im Geographieunterricht auch gewissen Einschränkungen:
- o Realbegegnung ist nicht immer möglich: wenn Wirklichkeit zu weit entfernt ist, es können nicht immer reale Gegenstände bzw. Experten eingeladen werden
- o Realbegegnung darf nicht immer stattfinden: wenn reale Begegnung mit Wirklichkeit eine Gefahr darstellt, die sich für die SS oder die Umwelt nachteilig auswirken kann
- o Realbegegnung muss nicht immer eingesetzt werden: Aufwand zu groß→ nach dem Prinzip der Ökonomie darf darauf verzichtet werden, v. a. wenn den SS die Realität bekannt ist

7.3.2 Anschauung

- Große Bedeutung der Anschauung (eines der ältesten Unterrichtsprinzipien):
  - o Bereits durch zahlreiche Pädagogen (u. a. Comenius, Pestalozzi, Herbartianer, Arbeitsschule) gefordert
  - o Mensch ist bei der geistigen Tätigkeit auf die vorhergehende sinnenhafte Wahrnehmung angewiesen
- Dimensionen der Anschauung:
  - o Direkte Anschauung: Anwesenheit des Gegenstandes
  - o Mediale Anschauung: abbildgetreue Darstellung in Abwesenheit des Gegenstandes; wichtige Rolle im Geographieunterricht
  - o Operative Anschauung: Erkenntnisgewinnung durch Eigentätigkeit, durch Umgestaltung von Wahrnehmung und Vorstellungen
    →Nachahmen von Vorgängen und Prozessen im Rahmen von Modell- und Naturexperimenten im Verlauf von Exkursionen
- Prinzip der Anschauung ist eine Hauptforderung an den Geographieunterricht
  → Wahl der Unterrichtsmethode und Einsatz von anschaulichen Medien
  → dient am Beginn des Lernprozesses der Anschauung und Erkenntnisgewinnung
  → vom Anschaulichen zum Abstrakten

7.3.3 Heimat bzw. Nahraum

- Das Heimatprinzip oder Nahraumprinzip stellt die Lebenswelt der SS bzw. den Raum in der Umgebung der Schule in den Mittelpunkt des Unterrichts
  ⟩ Heimat bzw. Nahraum als ständiger Erfahrungs-, Bezugs- und Vergleichsraum, in dem fächerübergreifend und in direkter Begegnung vor Ort gelernt werden kann
- 2 verschiedene Verwendungen des Begriffs Heimat:
  - o Raum, zu dem eine besonders enge emotionale Beziehung besteht
  - o Raum (= Nahraum), in dem man lebt, d.h. seine täglichen Aktionen bzw. Daseinsgrundfunktionen ausübt (ohne emotionale Bindung)
- Der Nahraum ist der Raum in der Umgebung der Schule →bleibt auf der Sachebene
- Unterscheidung der Definitionen des Heimatprinzips in:
  - o Sachkomponente: Der Heimatraum wird in seiner Individualität und in übertragbaren Strukturen kognitiv erfasst
    → wichtig für den UR: SS können durch Eigentätigkeit vor Ort ihre eigenen Erfahrungen machen, z.B. Einüben von Arbeitsweisen
  - o Sinnkomponente: Erfassung der seelisch-geistigen Dimensionen von Heimat mit dem Ziel der Selbsterkenntnis und persönlichen Sinnstiftung für die SS

→ umstritten, da die emotionale Komponente in der Vergangenheit oft miss-
braucht wurde
- Nach Schrand und Frank ist der Begriff „Nahraum" besser, da dieser allen SS gemeinsam ist → Heimat ist individuell geprägt
- Bedeutung für den Geographieunterricht:
  o Wichte Kenntnisse über den Nahraum in Verbindung mit der Einübung von Ar-
    beitstechniken → Wertschätzung des heimatlichen Raums
  o Bei zahlreichen Fernthemen sind Vergleiche mit dem Nahraum sinnvoll
    (z.B. Kulturerdteile <-> die ganze Welt in unserer Stadt)

<u>7.3.4 Selbsttätigkeit und Handlungsorientierung</u>
- **Selbsttätigkeit<u>:</u>**
  o Beschreibt das selbst- oder mitgestaltete Lernen des Schülers, das v. a. der Ver-
    wirklichung des Erziehungsziels „Selbstständigkeit" dient (aus eigenem Anlass,
    selbstgewähltes Ziel, freigewählte Methoden, Möglichkeit der Selbstkontrolle…)
    → schülerorientierter UR, handlungsorientierter UR, entdeckendes Lernen
  o Dient nicht nur der effektiveren Vermittlung von fachlichen Inhalten, sondern auch
    der Anbahnung von Selbstständigkeit beim Erkennen von Lösungswegen und
    Methoden der Aneignung von neuem Wissen und Fähigkeiten
  o Methoden: Sozialformen der Einzel-, Partner- und Gruppenarbeit
  o Aktionsformen: freies Unterrichtsgespräch und Diskussion, methodische Groß-
    formen des offenen Urs (z.B. Projekt)
  o Lehrplanebene: Reduzierung der Stofffülle als Voraussetzung für selbstständiges
    Lernen
  o Grenzen des Selbsttätigkeitsprinzips:
    - SS müssen über notwendige Arbeitstechniken verfügen
    - Nicht alle U-Inhalte sind geeignet
    - Aus ökonomischen Gesichtspunkten ist das rezeptive Lernen manchmal
      sinnvoller und effektiver
    - Zielstrebige U-Planung ist notwendig → schränkt Raum für spontane
      Handlungen und Mitsprache der SS ein
- **Handlungsorientierung:**
  o Nach Birkenhauer: Handlungsorientierung ist, die SS zum selbstbestimmten und
    möglichst ganzheitlichen Tun im UR anzuleiten; Kopf- und Handarbeit sollen aus-
    gewogen sein
    → kritisches Beurteilen von räumlichen Situationen als Vorbereitung auf späteres
    gesellschaftliches Leben
  o SS lernen nach dem Prinzip der Selbsttätigkeit sich handelnd Kenntnisse und Fä-
    higkeiten sowie Einstellungen und Verhaltensweisen anzueignen
    → Handlungsergebnisse sollen einen sinnvollen Gebrauchswert haben und der
    Öffentlichkeit präsentiert werden
  o Am leichtesten zu realisieren durch die methodischen Großformen → fordern
    Handeln zwingend heraus

<u>7.3.5 Aktualität</u>
- Berücksichtigung gegenwartsnaher Ereignisse im UR → Lebens- und Gegenwartsnähe
- Einteilung der aktuellen Ereignisse nach:
  - Zeitlichen Kriterien:
    → einmalige prägende Ereignisse, regelmäßig wiederkehrende Ereignisse
  - Inhaltlichen Kriterien (v. GeoU):
    → Naturkatastrophen, Umweltkatastrophen, politische Maßnahmen, etc.
  - Räumlichen Kriterien und Dimensionen:
    → Ereignisse von lokaler Bedeutung (Nahraum), Ereignisse von überregionaler, nationaler und globaler Bedeutung (Fernrau)
  - Den im UR verwendeten Medien
    → wichtiger Beitrag zur Medienerziehung
- Geographieunterricht soll nicht nur oberflächlich motivieren, sondern auch Hintergrundinformation anbieten
  → Folgende Qualifikationsstufen sollten im GeoU erreicht werden:
  - Über Aktuelles informieren
  - Aktuelle Ereignisse mit anderen räumlich und zeitlichen Ereignissen vergleichen können
  - Aktuelle Ereignisse in ihrem raumzeitlichen Kontext bewerten können
  - Zum Engagement bereits sein
- Prinzip der Aktualität ist im Lehrplan der Bay. RS in Klasse 6 verankert
- Didaktischer Ort: Einstiegsphase → Motivation od. am Ende als Anwendungsphase
  → Transfer + Motivation

<u>7.3.6 Strukturierung</u>
- Methodisches Unterrichtsprinzip: Strukturen, d.h. innere Abhängigkeiten müssen aufgedeckt werden, die die Einordnung in bereits Bekanntes erlauben und somit Neuerwerb von Wissen ermöglichen
- Unterscheidung der Strukturierung in:
  - Inhaltliche Aspekte:
    - Konzentration auf das Wesentliche
    - Aufgliederung in bedeutsame Teilbereiche der Geographie
    - Herstellung von Beziehungen und Sinnzusammenhängen
  - Methodische Aufbereitung.
    - Erkennen von Strukturen an verschiedenen Unterrichtsmethoden: Arbeitsblatt & Tafelbild als wichtige Darstellungsmöglichkeiten der Strukturierung
- Wichtig: SS müssen sich der Struktur des Lerninhaltes der Lernschritte bzw. Teilziele in ihrer zeitlichen Abfolge bewusst werden

<u>7.3.7 Differenzierung</u>
- **Definition Differenzierung:**
  Differenzierung ist die Auflösung des heterogenen Klassenverbandes zugunsten homogener Gruppen in Bezug auf Leistungsfähigkeit oder Interesseneinrichtung der Schüler
- Unterrichtsprinzip der Differenzierung: optimale Passung, Angemessenheit, Individualisierung
- Verschiedene Ebenen (Formen der Differenzierung):
  - **Äußere Differenzierung:**

- Tritt inter- und intraschulisch auf in Form von verschiedenen Schularten, in Ausbildungsrichtungen innerhalb einer Schuleart, sowie in Klassen und Kursen
  - **Innere Differenzierung** (Binnendifferenzierung/Unterrichtsdifferenzierung):
    - Wird innerhalb einer zu unterrichtenden Klasse oder Lerngruppe vorgenommen
    - Bezieht sich auf Maßnahmen bei der Unterrichtsplanung:
      - Voraussetzung und Organisation der Lerngruppe (Leistungsunterschieden, soziale Beziehungen, etc.)
      - Grundlegende Formen der inneren Differenzierung:
        - Didaktisch-methodisch:
          - Lernziele und Lerninhalte:
            - Fundamentum (für alle); Additum (für besonders starke SS)
            - Auswahl von Lerninhalten und schwerpunktmäßige Aneignung
            - Grad der didaktischen Vereinfachung von Lerninhalten
            - Transfer von Lerninhalten
          - Methoden (UR- Methoden, Fachmethoden):
            - Rollenspiel, Projektarbeit, Lernspiele,…
            - Verschieden Formen der Informationsbeschaffung, schriftliche, mündliche, visuelle und auditive Methoden)
          - Medien:
            - Einsatz von Bild- und sprachlichen Impulsen; Auswahl von Lerninhalten und schwerpunktmäßige Aneignung
            - Einsatz von Bild- und sprachlichen Impulsen
            - Einsatz von unterschiedlichen Texten
          - Aufgabenstellung:
            - Anzahl der zu lösenden Aufgaben
            - Schwierigkeitsgrad der Aufgaben
            - Verwendung von leichten und schwierigen Operatoren bei Aufgabenstellungen
            - Art der Aufgabenstellung (offen, gebundene Antworten)
        - Lerngruppenbezogene Differenzierung:
          - Lernzugänge/Lerntypen:
            - Angebote und Hilfen entsprechend der effektivsten Lernart (z.B. visuell, emotional, auditiv, sozial,…)
          - Lerntempo:
            - Verpflichtende Aufgaben
            - Einsatz von Materialen nach dem Schwierigkeitsgrad
          - Lernbereitschaft:

- Anspruchsvolle Materialien und Aufgaben
  (für hochmotivierte SS)
- Erfahrungsbezogenen und anschauliche Zugänge (für wenig motivierte SS)
  - Lerninteresse (Persönlich oder methodisch)
- Innere Differenzierung kann in sämtlichen Unterrichtsmethoden und –phasen erfolgen, besonders günstig ist der Einsatz bei Methoden, die individuelles, selbsttätiges Lernen berücksichtigen (z.B. Hausarbeit, Gruppenarbeit, …)

<u>7.3.8 Interdisziplinarität</u>

- Im schulischen Lernen werden fachspezifischen Ziele, Inhalte und Methoden in überfachliche Fragestellungen integriert
- **3 Formen der Unterscheidung nach dem Grad der Fachanbindung und – integration:**
  - **Fach- oder fächerübergreifender UR („Lockere Fächerkooperation"):**
    - Einzelfach bestimmt den UR
    - Planmäßige Suche nach Verbindungen zu anderen U-Fächern →Erschließen überfachlicher Zusammenhänge
    - Dieser UR beschränkt sich in der Art des inhaltlichen Transfers auf:
      - Hinweise auf vergleichbare Ziele und Inhalte anderer Fächer, um Zusammenhänge zu verstehen
      - Aufbau des UR auf Kenntnissen aus anderen Fächern →effizientere Gestaltung des UR und Festigung der Fähigkeiten der SS
  - **Fächerverbindender UR:**
    - Inhaltliche und organisatorische Fächerkoordination →gemeinsame Behandlung von Themen → Minderung der Schwächen des Fachunterrichts durch ein didaktisch-methodischer Zusammenwirken
    - Intensiver Austausch der Kollegen nötig (Zeitaspekt, Lernziele, Inhalte, etc.), evtl. sogar team teaching
    - Aspekte der Einzelfächer können synchron, zeitlich versetzt oder nacheinander gebracht werden
    - Evtl. auch durch Einsatz außerschulischer Fachkräfte aus der Wirtschaft
    - Umsetzung auch in Form von Projekten möglich
  - **Integrierter/Überfachlicher UR:**
    - Aufhebung des traditionellen Fachunterrichts zugunsten „ungefächerter" Lernbereiche (auch im Lehrplan sind „Überfächer") vorhanden
    - Dienstleistungsfach: Fach, das anderen Fächern Kenntnisse und Fähigkeiten für ihr eigenes Arbeitern vermittelt
    - Nehmerfach: Fach, das Kenntnisse und Fähigkeiten voraussetzt, aufgreift, weiterverarbeitet oder anwendet, die in andere Fächern vermittelt werden
    - Geographie: fächerverbindende Aufgaben zu den natur- und gesellschaftswissenschaftlichen Fächern
    - Vorteile des interdisziplinären UR:
      - Komplexität der Wirklichkeit kann den SS nahe gebracht werden
      - Stärkere Berücksichtigung der kindlichen Interessen und Bedürfnisse

- Probleme und Risiken des interdisziplinären Öffnung der Fächergrenzen:
    - Mangel an Hilfe zu Ordnung und Orientierung in der Welt
      → Inhalte richten sich nur an einer vordergründigen Aktualität und
      scheinbaren Lebensnähe aus
      → keine Alternative zum FachU, sondern eine Ergänzung

→ Fachoffener GeoU ist ein notweniger Beitrag zu aufgeschlossenem, weitsichtigem und
weltoffenem Lernen" (Kirchberg)

7.3.9 Vernetzendes Denken

- Wichtig, um zukünftige Probleme unserer Welt bewältigen zu können
  → Welt besteht aus einer Vielzahl komplexer, vernetzter Systeme, die in Wechselwirkung
  zueinander stehen
- Vernetztes Denken ist eine Denkstrategie, eine Denkhaltung oder –einstellung, deren
  Ziel in der absichtsvollen, möglichst vielseitigen Verknüpfung analytischer Denkakte oder
  Denkobjekte besteht → besser: vernetzendes Denken (Köck)
- Verschieden Typen von vernetzendem Denken:
    - Systematisches Verständnis durch Vernetzen vernetzter Realität
    - Systematisches Verständnis durch Vernetzen der Elemente von Elementgesamt-
      heiten
    - Assoziatives Verständnis durch Vernetzen chaotischer springender Gedanken
    - Räumliches Verständnis durch Vernetzen der Lage von Erdsachverhalten
- Vernetzendes Denken = Schlüsselqualifikation und strategische Qualifikation (= Denk-
  und Verhaltensstrategie)
  → unbedingt notwendig im U, auch in Lehrplänen verankert
  → weg vom „Schubladenlernen", hin zu globalem und interdisziplinärem Lernen

7.3.10 Globales Lernen

- **2 Verständnisse von Globalisierung:**
    - Globalisierung im weiteren Sinn:
      Globalisierung als ein Phänomen, das an einigen Stellen des Globus vereinzelt
      und unabhängig voneinander auftritt
    - Globalisierung im engeren Sinn:
      Diese Phänomene treten weltweit auf und müssen global vernetzt miteinander in
      Beziehung stehen
- **4 Arten der Globalisierung:**
    - Kulturelle Globalisierung:
      → weltweite Angleichung der kulturellen Werte
      → Gegenbewegung: Stärkung und Wahrung kultureller Identitäten
    - Politische Globalisierung:
      → Demokratie als weltweite Norm (Menschenrechte!)
    - Ökologische Globalisierung:
      → wir leben in einer ökologischen Risikogesellschaft (Opfer & Täter zugleich)
    - Ökonomische Globalisierung:
      → zunehmende weltweite Verflechtungen der Güter-, Dienstleistungs-, Kapital-
      und Finanzmärkte zu Lasten der Umwelt

- **Definition globales Lernen:**
Vermittlung einer globalen Perspektive und die Hinführung zum persönlichen Urteilen
und Handeln in globaler Perspektive auf allen Stufen der Bildungsarbeit
→ wichtige soziale Fähigkeiten für die Zukunft
- 3 idealtypische Verwirklichungen des globalen Lernens im GeoU:
    - o Kognitiver Bereich: Inhalten sollten weltweit vernetzt sein (regional & thematisch)
    - o Affektiver Bereich: Wahrnehmungsmuster und Einstellungen
      → Benötigung von Fähigkeiten zur Selbstreflexion und Empathie;
      Ziele: Eintreten für soziale Gerechtigkeit, Übernahme von Verantwortung, etc.
    - o Konativer, d.h. aktionaler Bereich: konkretes Handeln
      → nach dem Motto: „global denken – lokal handeln"
- Globales Lernen wird am besten im Rahmen einer Lehrplankonzeption verwirklicht
  (sämtliche Themen brauchen eine globale Perspektive)
  → Umsetzung im methodischen Bereich: Ergänzung des Orientierungswissens durch
  Bildung weltweiter topographischer Raster
  → Umsetzung im medialen Bereich: physische & thematische Weltkarten, die weltweite
  Vernetzung aufzeigen
- Didaktischer Ort: entweder als Einstieg oder zum räumlichen Transfer
- **5 geographiedidaktische Problembereiche, die das globale Lernen im GeoU er-
  schweren (nach Kross):**
    - o Komplexität und Unübersichtlichkeit: Welt und ihre Probleme wird zunehmend
      komplexer →demgegenüber sind unserer kognitiven Möglichkeiten, v. a. der SS
      eher beschränkt
    - o Konkurrenzdenken: Bestandteil unserer Marktwirtschaft und Kultur, z.B. Migran-
      ten in Krisensituationen werden als Konkurrenten angesehen
    - o Fortschrittsgläubigkeit: Umweltprobleme werden ökonomischen Kriterien unterge-
      ordnet
    - o Begrenzte Empathiefähigkeit: zu viele brennende Probleme
    - o Regionalismus und Nationalismus: trotz Forderung nach globaler Orientierung,
      beginnt man in der Unterstufe mit dem Heimatraum

7.3.11 Umwelterziehung
- Umwelterziehung = Unterrichtsprinzip: Durchdringung des gesamten Themenspektrums
    - o Ziel: „in der Auseinandersetzung mit der natürlichen, sozialen und gebauten Um-
      welt"…"die Bereitschaft und die Kompetenz zum Handeln unter Berücksichtigung
      ökologischer Gesetzmäßigkeiten zu entwickeln"
    - o Leitbild des Geographieunterrichts: Nachhaltige Entwicklung:
        - Ökologieverträglichkeit: Ressourcen, die sich selbst erneuern, sollen nicht
          schneller verbraucht werden, als sie sich erneuern
        - Ökonomieverträglichkeit: Ökologieverträglichkeit darf Wachstum und stei-
          genden Lebensstandard nicht ausschließen
        - Sozialverträglichkeit: gerechte Verteilung der Lebenschancen
    - o Wachsende Umweltprobleme mit anthropogenen Ursachen-> Umwelterziehung
      unbedingt notwendig
    - o Erziehung zu umweltgerechtem Verhalten ist eine zentrale Zukunftsaufgabe in al-
      len Bildungsbereichen -> Weg aus der Umweltkrise
    - o Konzepte der Umwelterziehung: kognitiv und affektive Lernziele (!)

- o KLAUTKE/KÖHLER: Konzept für eine Unterrichtseinheit, bei dem grundsätzlich 5 verschiedene Stufen der Sichtweisen der Umwelt angesprochen werden sollen:
    - 1. Stufe: Motivationsphase (= emotionale Ebene): Umwelterfahrung
      - Direkte Erfahrungen, Aufbau der intrinsischen Motivation durch Spiele, Rallyes,…
    - 2. Stufe: Informationsphase (= Sachebene): Informationsvermittlung
      - Wissengrundlage, Erkennen von Zusammenhängen, problemorientierter, aktueller Unterricht, selbstständiges Arbeiten der SS
    - 3. Stufe: Reflexionsphase (= Bewusstseinsebene): Betroffensein
      - Phase 1 + 2 → Betroffenheit → Motivation
      - Übertragen auf eigenes Handeln
    - 4. Stufe: Ethikphase (=Bewertungsebene): Normenveränderung
      - Anstreben einer ethischen Zielsetzung
    - 5. Stufe: Handlungsphase (= Handlungsebene): Handeln
      - Neues Umweltengagement
  - o Gemeinsame Merkmale verschiedener Ansätze der Umwelterziehung:
    - Problembezogen, exemplarisch, handlungsorientiert, vom Lokalen zum Globalen, fächerübergreifend, systematisches Denken fördernd, kognitiv-, emotional-, wert- und zukunftsorientiert
  - o Methodische Formen des Geographieunterrichts:
    - Realbegegnung vor Ort; mind. Reale Gegenstände im Klassenzimmer
    - Projektunterricht (motivierend und SS sind aktiv)
    - Projekttage (lang- und kurzfristige Aktionen)
  - o Fächerübergreifende Aufgabe: Geographie als „Leitfach"

7.3.12 Interkulturelles Lernen

- Eine besondere Art des Umgangs mit dem Fremden und Andersartigen, das nicht auf einzelne Unterrichtseinheiten beschränkt bleiben kann
  → Wertorientierung, Verhaltensorientierung und Erziehung zu internationaler Solidarität und Frieden
- Interkulturelles Lernen = Lernen zwischen Kulturen (andere Normensysteme kennen lernen, unterschiedliche Lebensformen, Abbau von Vorurteilen)
  →soziales, handlungsorientiertes und emotionales Lernen
- Interkulturelles Lernen als ein Prozess, durch den eine Veränderung im Erleben und Verhalten zustande kommt
  →interkulturelle Bildung oder interkulturelle Erziehung
- Ergebnis = interkulturelle Kompetenz
  →dauerhafte Fähigkeit, mit Angehörigen anderer Kulturen erfolgreich interagieren zu können, was wiederum durch interkulturelles Lernen erreicht werden soll
- Internationale Erziehung (ausgehend von einem nationalstaatlichen Denken nach außen) vs. interkulturelle Erziehung (Bemühen um ein Verständnis des anderen innerhalb einer multikulturellen Gesellschaft)
- Nach Rother 3 Stufen der Auseinandersetzung:
  - o Lokale Bezugsebene: Basis: Fremde im eigenen Land
  - o Europäische Bezugsebene: Erziehung zum mündigen Europabürger
  - o Globale Bezugsebene: Umgang mit fremden Völkern und Kulturen
- Dimensionen und Stadien einer Kommunikations- und Handlungsfähigkeit:

o Ausgangspunkt: Ethnozentrismus
o Darauf folgt Erreichen von Aufmerksamkeit und Bewusstwerden für Fremdes und Auffinden von Gemeinsamkeiten verschiedener Kulturen
o Akzeptieren und Respektieren der fremden Kultur
o Bewerten und Beurteilen
o Idealziel: selektive Aneignung von neuen Einstellungen und Verhaltensweisen
- Umsetzung im UR: v. a. im fächerverbindenden und fächerübergreifenden UR

7.4 Sozialformen

7.4.1 Definitionen, Klassifikation und Bedeutung im Geographieunterricht
- **Sozialformen:**
    o Beschreiben das Verhalten von L und SS bei der Bearbeitung von Lerninhalten
    o Regeln die Beziehungsstruktur in der Klasse durch die Vorgabe des äußeren und inneren Rahmens
    o Sind Voraussetzungen, dass Aktionsformen verwirklicht werden können
    o Sind Methoden der Vermittlung
- 70% Frontalunterricht, 10% Einzelarbeit bzw. Gruppenarbeit, 5-10% Partnerarbeit, Groß-gruppenunterricht/Kreissituation in Sekundarstufe I
→Primarstufe deutlich mehr Partner-, Gruppenarbeit und Kreissituation

7.4.2 Einzelarbeit (Alleinarbeit/Stillarbeit)
- Jeder einzelne S löst allein Lernaufgaben, und zwar aufgrund präziser Aufgabenstellung durch den L, mit vorgegebener oder selbst zu findender Methode, je nach Aufgabe nach-vollziehend, festigend oder auch problemlösend
- Formen der Einzelarbeit:
    o Arbeitsgleiche Einzelarbeit (alle SS bearbeiten das gleiche Thema, allerdings kann ein Thema entweder mit den gleichen oder mit unterschiedlichen Medien bearbeitet werden)
    o Arbeitsteilige Einzelarbeit (verschieden SS bearbeiten unterschiedliche Aufgaben, allerdings dürfen die Themen nicht zu weit entfernt voneinander sein)
- Viele didaktische Orte: zur Informationsbeschaffung (z.B. vorbereitende Hausaufgabe), vertiefte Informationsverarbeitung (Einüben von Arbeitstechniken), Sicherung (am bedeu-tendsten, z.B. Hausaufgabe), bei Tests (überprüfen des individuellen Lernfortschritts)
- Ziel: Individualisierung des Lernens: Möglichkeit der Differenzierung
→Selbstbestärkung und Lernmotivation: für sich das Lernen lernen
- Grundvoraussetzungen:
    o positive, engagierte Arbeitshaltung der SS
    o SS müssen mit den erforderliche Arbeitstechniken vertraut sein
    o reichhaltige Ausstattung mit Medien und Hilfsmitteln
- Ausblick: Einzelarbeit wird immer größere Bedeutung erfahren (computerunterstütztes Lernen!)

- Je 2 Schüler arbeiten für kurze Zeit nach genauer Arbeitsanweisung des L zusammen
  - **Partnerarbeit im Sinne des Helfersystems** (der stärkere S fungiert als „Hilfslehrer" für den schwächeren S)
  - **Gleichberechtigte Partnerarbeit** (nur geringer Niveauunterschied der Partner)
    - Koaktive Partnerarbeit: Einzelarbeit mit gelegentlichem Hilfesuchen beim Mitschüler
    - Arbeitsteilige Partnerarbeit: SS teilen sich die Aufgabe, jeder bearbeitet seinen Teil → gemeinsame Lösung
    - Interaktive Partnerarbeit: Beide Partner arbeiten gemeinsam und gleichzeitig an einer Aufgabe → Zusammenarbeit
- Didaktischer Ort: Einstiegsphase (Lokalisation des Themas), Erarbeitungsphase (Auswertung von Daten), Sicherungs- und Anwendungsphase (Transferaufgaben)
- Jegliche Medien und Methoden können verwendet werden, sofern sie vorher eingeübt wurden
- **Vorteile** der Partnerarbeit:
  - Höhere Leistungsergebnisse als Klassen- oder Einzelarbeit
  - Förderung der Schüleraktivität und Selbstständigkeit
  - Steigerung der Lernmotivation und Arbeitsfreude
  - Überwindung des eindimensionalen Kommunikationsstils im Klassenzimmer
  - Anbahnung und Übung sozialer Verhaltensweisen
  - Geringe organisatorische Veränderung→schneller Methodenwechsel im UR
- **Nachteile** der Partnerarbeit:
  - Tendenz zum Dominanzverhalten eines Partners
  - Zeitaspekt: nicht alle Ergebnisse können im Plenum angehört werden
  - Leistungsdefizite, so dass sich die Partner nicht helfen können
  - Einübung von Arbeitsdisziplin sozialen Fähigkeiten kostet Zeit, aber für sinnvolle Partnerarbeit absolut notwendig

7.4.4 Gruppenarbeit bzw. Gruppenunterricht

- Klassenverband wird in Untergruppen (3-6 SS) aufgeteilt, die klar beschriebene Teilaufgaben zum Gesamtthema einer Stunde selbständig und kooperativ bearbeiten sollen
- Im Allgemeinen wird zwischen Gruppenarbeit (5-20 min) und Gruppenunterricht (ganze Schulstunde) nicht unterschieden
- **2 Formen der Gruppenarbeit:**
  - **Themengleiche (aufgabengleiche) Gruppenarbeit:**
    - Bearbeitung derselben Lerninhalte
    - Motivation durch konkurrierende Arbeit der Gruppen
    - Arbeitsleistung kann durch Ergänzungsfragen der anderen Gruppen gesteigert werden →Diskussion, intensive Gespräche zw. SS
  - **Themenverschiedene (aufgabenverschiedene) Gruppenarbeit:**
    - Komplexer Inhalt wird nach dem Prinzip der Arbeitsteilung geteilt, jedoch müssen es gleichgeordnete Themen eines Oberthemas sein (z.B. Ursachen eines Erdbebens: Abtauchzonen, Grabenbruch, etc.)
      → erleichtert Integration der Teilergebnisse
- Unterscheidung bezüglich der **Methode und Arbeitsweise:**
  - Methodengleiche Gruppenarbeit (=arbeitsgleich, mediengleich)

- o Methodenverschiedene Gruppenarbeit (= arbeits-, medienverschieden)
- **Funktionen und Ziele:**
  - o Einübung in entdeckendes und problematisierendes Lernen
  - o Selbstständiger Umgang der SS mit dem U-Gegenstand, den Medien und Arbeitstechniken
  - o Arbeitsteilung
  - o Einübung in fairen Wettbewerb
  - o Lernziel „Kooperation"
  - o Förderung der Kooperationsfähigkeit
  - o Steigerung der sozialen Handlungskompetenz
- **Voraussetzung** für Lehrer:
  - o Geduldig beobachten und auf Ergebnisse warten
  - o Vorsichtig Hilfestellung geben
  - o Umwege zulassen
  - o Lernweg wichtiger als Lernergebnis einstufen
  - o Organisation und Effektivität der Gruppe überlassen
  - o Mut machen
  - o Arbeitsergebnisse kritisch-konstruktiv würdigen
- **Vorteile** (Auswahl!) vgl. S. 206
  - o Qualität der geleisteten Arbeit und Lernzuwachs größer als bei anderen Sozialformen
  - o Anknüpfen an die Stärken der einzelnen Schüler
  - o Größere emotionale und soziale Arbeitszufriedenheit der SS
  - o Übungsfeld für soziales Lernen: zuhören, sich durchsetzen, nachgeben, etc.
  - o Förderung der Schüleraktivität
- **Nachteile** (Auswahl!):
  - o Entmutigung der SS bei Überforderung
  - o Problem der Sicherstellung, dass alle SS die nötigen Ergebnisse erhalten haben
  - o Aufwendiger als andere Sozialformen (Vorbereitung, Organisation, Zeit)
  - o Zunahme von Disziplinproblemen, wenn keine Umgangsregeln vereinbart wurden
- Misserfolge durch: ungünstige Gruppengröße, unklare Arbeitsanweisung/Arbeitsmaterial, unzureichend eingeübte Techniken, Mängel im Sozialverhalten
- Zu beachten für Gruppenbildung:
  - o Gruppengröße (3-6), ideal: 3-4
  - o Gruppenzahl: bei themenverschiedener Gruppenarbeit sollte immer eine Parallelgruppe gebildet werden
  - o Gruppenzusammensetzung:
    - Wichtig: Wir-Gefühl der Gruppe entwickeln, aber es sollte auch durchgewechselt werden, um Rollenfixierungen zu vermeiden
    - Kann von SS nach Interessen, Hilfsbereitschaft, etc. frei gewählt werden
    - Einteilung durch L unter Berücksichtigung gruppendynamischer Prozesse, inhaltlichen Kenntnissen und der methodischen Leistung
    - Bezüglich der Leistungsfähigkeit sind heterogene Gruppen vorzuziehen
- Verlaufstruktur der Gruppenarbeit:
  - o 1. Phase: Problemstellung und Arbeitsplanung: im Klassenverband
    - Erkennen eines Problems
    - Analysieren eines Problems in Teilprobleme

- Bilder der Gruppen
  - Verteilen der Arbeit
  - Planen des Vorgehens
- 2. Phase: Arbeitsdurchführung: in der Gruppe
  - Erschließen der Informationen
  - Diskutieren der Lösungen
  - Formulieren der Ergebnisse
- 3. Phase: Arbeitsvereinigung, Sicherung, Anwendung:
  - Vortragen und Vereinigen der Gruppenergebnisse im Klassenverband
  - Verbessern und Vervollständigen der Ergebnisse; Formulieren der Ergebnisse im Klassenverband
  - Üben und sichern der Ergebnisse auf einem Arbeitsblatt in Einzelarbeit
  - Übertragen und Anwenden der Ergebnisse im Klassenverband

→Gruppenarbeit muss gut eingeübt werden; hat in Bezug auf Sachkompetenz gewisse Nachteile, aber dafür Vorteile bei Methoden- und Sozialkompetenz

7.4.5 Frontalunterricht bzw. Plenums- und Klassenunterricht

- Frontalunterricht ist der übliche Unterricht in einem Lernverband:
  - Thematisch orientiert
  - L ist steuert Arbeit-, Interaktions- und Kommunikationsprozesse und kontrolliert sie auch
- **Funktionen und bevorzugte Einsatzbereiche** von Frontalunterricht:
  - Schnelle und gleiche Info für alle SS im darbietenden UR
  - Einübung in die Technik der rezeptiven Informationsverarbeitung
  - Disziplinierungsfunktion
  - Organisationsform für: darbietenden UR und entwickelnden UR (Frage- und Impulsunterricht)
- **Vorteile:**
  - L steuert fachlich wie disziplinär
  - Wenig aufwendige U-Organisation und U-Vorbereitung
  - Alle SS erfahren den gleichen Input → gleicher Wissensstand
  - Förderung des Zuhörens, des sachgerechten Reagierens und des Nachvollziehens
- **Nachteile:**
  - Unzureichende Differenzierung und Individualisierung → es wird von einer Leistungshomogenen Klasse ausgegangen
  - SS hat nur ein rezeptives, reaktives Lernverhalten → keine Selbsttätigkeit, keine Eigenverantwortung
  - Autoritäre Beziehungsstrukturen zwischen L und S werden verfestigt
  - Hohe Sprachdominanz des Ls (60-80%)
  - Soziale und moralische Kompetenzen können nur schwer gefördert werden
    → Isolierungstendenz zwischen den SS (dürfen nicht miteinander reden)
- Frontalunterricht darf nicht damit gleichgesetzt werden, dass nur der L spricht, aber Frontalunterricht ist auch, wenn:
  - SS Referate halten
  - Ein Film angesehen wird

- o Im Stuhlkreis → intensivere Kommunikation, besonders geeignet in Phasen der kritischen Reflexion

7.4.6 Großgruppenunterricht

- SS zweier/mehrerer Klassen werden im gleichen Fach oder fächerübergreifend zur Informationsbeschaffung zusammengeführt; Vor- und Nachbereitung geschieht im Klassenverband → anschließend Bildung von Kleingruppen
z.B. Filmvorführung, Projekte, Wandertag
- **Funktionen** des Großgruppenunterrichts
  - o Klassenübergreifende Kontaktpflege
  - o Ökonomie des Unterrichts (bei technisch aufwendiger Informationsvermittlung oder organisatorisch aufwendigen Großformen (Exkursionen))
  - o Bearbeitung von Themen, die ergiebige Arbeitsschwerpunkte enthalten
  → verschiedene fachliche Sichtweisen beleuchten

7.5 Aktionsformen

7.5.1 Definition und Klassifikation

- Methodisch geplante, kommunikative Tätigkeiten des Ls und der SS unter dem Gesichtspunkt des Austauschs von Informationen
- Aktionsform = Arbeitsform, Lehr-/Lernform, Lehr-/Lernverfahren, Handlungsmuster

7.5.2 Darbietende Aktionsform

- Eine Informationsquelle (L, S, Medium) gibt gleichzeitig die gleiche Info, im selben Tempo, innerhalb derselben Lernzeit, auf demselben Anspruchsniveau eine Info weiter
- **Formen der Darbietung:**
  - o **Verbal (Wort des L als wichtigstes Medium):**
    - Erzählung: emotional und sachlich -> soll spannend für SS sein
    - Referat, Vortrag, Bericht: rational, kann auch von SS ausgehen-> rezeptives Lernen; das Gehörte soll begriffen werden-> Reproduktion
    - Kurze Erklärung, Erläuterung: Verstehen und Einsehen der SS fördern
  - o **Ikonisch oder graphisch (vormachen und vorzeigen): v. a. geographische Arbeitsweisen werden so vermittelt**
    - Ikonisch. Bild (+ verbale Erläuterung/Vortrag)
    - Statisch/dynamisch: graphische Darstellung, Karten (+ verbale Erläuterung/Vortrag)
  - o **Dramatisierend/demonstrierend:**
    - Rollenspiel
    - Szenische Darstellung
    - Experiment
- **Vorteile** von darbietendem UR:
  - o Inhalte und Ziele können vom L sehr systematisch vermittelt werden →klare Struktur für SS
  - o Schult SS in der Form der Informationsaufnahme → Vorbereitung auf Beruf
  - o Zeitsparend bei großer Stofffülle, geringe Vorbereitungszeit
- **Nachteile** von darbietendem UR:
  - o SS sind ständig vom L abhängig → SS sind reaktiv und rezeptiv, nicht aktiv

- o Instrumentale und soziale Bereiche werden vernachlässigt
- o Hohes Maß an Konzentrationsfähigkeit ist notwendig

→ wichtig: SS dürfen nicht zu passiv werden, dennoch: gute, spannende Erzählung ist sehr positiv

7.5.3 Erarbeitende Aktionsform

- L bestimmt Lernschritte und das angestrebte Ziel (lehrerzentriert -> SS sind abhängig)
  → gemeinsames Erarbeiten von L und SS
- **Je nach Lenkungsgrad/Freiheitsspielraum: verschiedene Typen:**
  - o **fragend-gelenkte Aktionsform (wichtigstes Instrument des UR): formuliertes Ziel**
    - L lenkt JEDEN S auf gleiche Denkspur→ lenkt Lernprozess auf
    - Arten der Lehrerfrage: Wissensfragen, Denkfragen, Gefühlsgerichtete Fragen, Sondierungsfragen (Ablauf, Organisation)
    - Didaktische Funktion von Lehrerfragen im Lernprozess:
      - Motivationsfragen → Aufmerksamkeit, Neugierde
      - Zergliederungsfragen → zerlegen Inhalt in Einzelteile
      - Erklärungsfragen → Zusammenhänge aufzeigen
      - Entwicklungsfragen → neue Erkenntnisse
      - Wiederholungsfragen
      - Prüfungs-/Kontrollfragen
    - Vor-/Nachteile (Auswahl):
      - Dominierende Lehrerrolle
      - Fehlende Interaktion der SS untereinander, L ist Bezugsperson
      - Hohe Schülerrezeptivität und Reaktivität
      - Betonung der kognitiven und affektiven Dimensionen
  - o **Impulssetzende Aktionsform:**
    - Impuls von außen soll SS Anstoß zum Handeln geben→Selbstständigkeit und Eigeninitiative wecken
    - Anwendungsbereich: Vorwissen der SS nötig, wenn Meinungsvielfalt gewünscht
    - Didaktischer Ort: thematisierender und problematisierender Einstieg
    - Arten der Impulse:
      - Nach agierenden Personen (Lehrerimpuls vs. Schülerimpuls)
      - Nach der Wirkungsweise (direkter vs. indirekter Impuls)
      - Nach dem Aktionsraum der SS (offener vs. enger Impuls)
      - Nach der Medialität
        - o Verbale Impulse: gezielte Lehreraktivitäten (Aufforderungen, Zweifel, Frage,…)
        - o Non - verbale Impulse:
          - Visueller Impuls: Lehrerausdruck, medialer Impuls (z.B. Gestik, Mimik, Fotos, etc.)
          - Akustischer Impuls: medialer Impuls
          - Sensitiver Impuls: medialer Impuls (z.B. Betasten eines Gegenstandes)

- o **Aufgebende Aktionsform (10-30min):**
  - Präzise Aufgabenstellung →SS lösen eine Lernproblem selbst auf vereinbartem Weg (alle Sozialformen möglich)
  - Kognitive, affektive und instrumentale Aspekte werden angesprochen

7.5.4 Entdeckenlassende Aktionsform
- Lerner findet schöpferisch und selbsttätig Lösungswege von Problemen
- **2 Aktionsformen:**
  - o **Schülerkooperierende Aktionsform:**
    - SS bearbeiten selbstgewähltes oder vorgegebenes Thema selbstständig mit eigene Materialsuche
    - Voraussetzungen: sorgfältige Vorbereitung, angeleitete & motivierte SS
    - Vorteile:
      - Aneignung von Lernstrategien und Verfahrensweisen
      - Hohe Eigenleistung der SS→höhere Gedächtnisleistung→leichterer Transfer
      - Förderung der sozialem Kooperationsfähigkeit
      - Hohe intrinsische Motivation
    - Nachteile:
      - Hohe Zeitaufwand
      - Kreativität, Lernbereitschaft, etc. ist bei vielen SS nicht gegeben
      - Erst nach vorangegangenem Faktenwissen möglich
  - o **Dialogische Aktionsform:**
    - Gleichberechtigte Gesprächspartner bemühen sich um Problemlösungen →Argumente zählen
    - Anwendung: Planung und Durchführung von Veranstaltungen, Nachbereitung von Exkursionen, Bearbeitung von Konfliktsituationen

7.6 Unterrichtsverfahren: Organisation der Unterrichtsinhalte
7.6.1 Induktives und deduktives Verfahren
- **Induktion** (v. a. Grundschule und Sek. I):
  - o Schließt von mehreren bekannten Einzelfällen durch Induktion auf das Allgemeine bzw. ein generelles Gesetz →Festlegung von Regeln und Gesetzmäßigkeiten
  - o GeoU: didaktische Induktion, da sie eine verdeutlichende Funktion hat → sie kann nicht beweisen, aber den SS an repräsentativen Beispielen helfen zur Erkenntnisgewinnung zu gelangen (forschendes Lernen)
  - o Vorgang: Beobachtung, Beschreibung und Analyse von konkreten Einzelfällen → Vergleich, Ordnung und Herauslösen gemeinsamer Strukturen → Synthese und Gesamtergebnis: Abstraktion/Modell/Theorie (Regeln)
  - o Vorteile:
    - Motivation von Anfang an wegen großer Anschaulichkeit → vom Konkretem zum Abstraktem
    - Induktionsschritte ermöglichen eigenständiges Erfolgserlebnis der SS
  - o Nachteile:
    - Vorwissen muss vorhanden sein
    - Im späteren Leben muss eher deduktiv vorgegangen werden

- Aus Zeitgründen werden nur wenige Beispiele herangezogen → kann in
    Realität zu Fehlschlüssen führen
- **Deduktiv (v. a. Sek. II):**
  o Auf der Grundlage und Kenntnis allgemeiner Gesetze, Regeln und Begriffe ver-
    sucht man konkrete Einzelphänomene der Alltagserfahrung zu erklären und neue
    Zusammenhänge zu erschließen
  o GeoU: Übertragung und Anwendung der Regeln auf einzelne Gegebenheiten
  o Vorteile:
    - SS wird zu sauberem, schlussfolgerndem Denken angeleitet
    - Ausbildung des Abstraktionsvermögens
    - Für L: sicherer, methodischer Ablauf (muss aber vorbereitet werden!)
    - Lernergebnisse können auf kürzesten Lernweg erreicht werden
  o Nachteile:
    - Geringer Anschauungsgehalt→Gefahr: Überforderung der SS
    - Der Anreiz des entdeckenden Lernens entfällt, da Ergebnis bereits am An-
      fang präsentiert wird
    - Primär wird der kognitive Lernzielbereich angesprochen
- Kombiniert deduktiv-induktives Verfahren:
  o Vereint Vorteile beider Methoden und versucht die Nachteile zu reduzieren
  o Vorgang: Erwartungen/Hypothesen aufgrund von Vorerfahrungen → Überprüfung
    der Hypothesen an konkreten Einzelfällen → Modifikation oder Neuformulierung
    der Hypothesen → Übertragung und Anwendung auf neue Einzelfälle

7.6.2 Idiographisches und nomothetisches Verfahren
- **Idiographisches Verfahren:**
  o Behandlung der verschiedenen Raumindividuen
  o Verschiedene fachliche Methoden im GeoU:
    - Länderkundliches Schema (Hettner-Schema)
      - Darstellung verschiedener räumlicher Einheiten in einer vorgege-
        benen Reihenfolge der Geofaktoren (Lage, Größe, Grenzen, Reli-
        ef, Gesteine, Geologie, Klima, Vegetation, Tierwelt, Boden, Ge-
        wässer, Bevölkerung, Landwirtschaft etc.)
      - Vorteile:
        o Schnell einprägsam und übersichtlich
        o Gute Vergleichmöglichkeiten
        o Für L sehr bequem, kein große Vorbereitung nötig
        o SS begreifen schnell, wie man damit arbeitet (notfalls
          auch allein von ihnen bearbeitbar
      - Nachteile:
        o Zu stereotyp, zu schematisch → langweilig (sachlo-
          gisch, aber nicht lernpsychologisch orientiert)
        o Zu viel Fachwissen → zu große Stofffülle
        o Problemorientierte Behandlung fehlt
        o Übertragbare Grundeinsichten sind nicht gewinnbar
      → wird bei der Strukturierung von länderkundlichen Lernzirkeln eingesetzt
    - Topographie:

- Topographisches Wissen muss mit Inhalten verknüpft werden, um die Motivation nicht zu hemmen
    - Am Anfang einer Stunde sollte nur eine Grobgliederung erarbeitet werden, Feinorientierung wird im Zusammenhang mit anderen Teilzielen erarbeitet
  - Geographisches Einzelbild
    - Lebensnahe, anschauliche, handlungsbetonte Lehreinheit; umfasst eine kleine überschaubare, erdräumlichen Einheit
    - Im GeoU können verschiedene inhaltliche Bereiche verdeutlicht werden:
      - Eindrucksvolle naturgeographische Phänomene
      - Handlungsbetonte Zusammenhänge zw. Naturraum und seinen Nutzungsmöglichkeiten
      - Aktuelle und dramatisch verlaufende, einmalige oder periodisch wiederkehrende Ereignis
    - Einzelbilder sind leicht erfassbar, dürfen aber jedoch nicht isoliert bleiben → thematischer Zusammenhang zw. den Bildern muss klar werden
  - Fallstudie
    - Lerneinheit, in der an einem konkreten Beispiel ein allgemeingülti-ger Sachverhalt aufgezeigt wird (kognitive Auseinandersetzung) → Transfer auf andere Regionen
- **Nomothetisches Verfahren:**
  - Ermittlung regelhafter und gesetzmäßiger Gestaltungskräfte, d.h. geographischer Zusammenhänge
  - Verschiedene fachliche Methoden im GeoU:
    - Dynamisches Prinzip
      - Versucht in Anlehnung an Gestaltpsychologie, die Eigenart des Erdraums zu erfassen → die Kräfte aufzeigen, die hinter den We-senszügen eines Landes stehen → Leitlinie (=logisches Gefüge)
        Vorsicht: Leitlinien engen Blickwinkel ein (implizite Wertungen!)
      - Arten der Leitlinien:
        - Kindertümliche Leitlinien: Hamburg – Tor zur Welt
        - Schlagwortartige Leitlinien: …im Umbruch
        - Leitlinien nach Vorbildern: Japan – England des Ostens
        - Typisierende Leitlinien: Harz als Regenfänger
        - Problemorientierte Leitlinien: Ägypten – ein Geschenk des Nils
    - Der Vergleich:
      - Verfahren zur Erkenntnisgewinnung durch Überprüfung von min-destens 2 Objekten oder Sachverhalten auf wenigstens einem Merkmal hin
        → Erarbeitung geographischer Regelhaftigkeiten und regionale Kenntniserweiterung
      - 2 Vergleichmöglichkeiten in der Schule:
        - Vergleich ähnlicher geographischer Objekte
          → gleicher Typus bei räumlichen Individuen

- o Vergleich kontrastiver geographischer Objekte
  - → Hervorhebung der Individualität
- Inhaltliche Erschließung des vergleichenden Verfahrens nach:
  - o Räumlichem Vergleich: Vergleich von Räumen verschiedener regionaler Größenordung; Vergleich von Nah- und Fernräumen
  - o Zeitlichem Vergleich: Vergleich verschiedener Zeitphasen (Vergangenheit, Gegenwart, Zukunft)
  - o Quantitativem Vergleich: Vergleich von absoluten, relativen und Prozentzahlen
- Didaktischer Ort: überall einsetzbar
- Stufen des Vorgehens: Auswahl der Objekte, Festlegung der Vergleichsgesichtspunkte und Vergleichsziele, Vergleich als Gegenüberstellung, Vergleichen als kooperative Analyse, Auswertung
- Schwierigkeit: Klischeebildung

7.7 Artikulationsformen/Verlaufsformen

7.7.1 Artikulation als Leitidee

- Artikulation des UR: lernprozessorientierte Gliederung einer Lehr-Lern-Einheit in verschiedene U-Schritte, die zeitlich aufeinander abfolgen
- **4 Gründe, die die Artikulation des U rechtfertigen (nach Steindorf):**
  - o Lernpsychologischer Aspekt: Gewisse Strukturen begünstigen das Verstehen und Behalten →Lernstufen, die auf psychologischen Gesetzmäßigkeiten des Lernprozesses basieren
  - o Inhaltlicher Aspekt: Betonung der Sachstruktur
  - o Lehrzielbezogener Aspekt: Abfolge der Stufen ist von der Zielsetzung abhängig
  - o Dramatischer Aspekt: Bezieht sich auf die darstellerischen und gestalterischen Akte des Lehrers

  → werden in den verschiedenen U-Formen (offener/geschlossener UR) mit unterschiedlichem Schwerpunkt umgesetzt
- Ein Schema für den Stundenablauf darf keinesfalls als starres methodisches Gerüst gesehen werden → muss immer der Situation im UR angepasst werden (u. a. Möglichkeiten des methodischen Handelns für SS)
- Es gibt kein allgemeingültiges formales Schema für alle Fächer, jedoch gibt es grundlegende Gliederungselemente des U-Verlaufs
- Im GeoU besonders zu berücksichtigen: Welche Medien können verwendet werden? Experiment möglich? Unterrichtsgang?
- Einteilung des GeoU in folgende Hauptphasen: Einstieg, Erarbeitung, Sicherung, Anwendung

7.7.2 Artikulationsmodell (Verlaufsmodell) einer Unterrichtseinheit

- **Einstiegsphase**
  - o SS sollen motiviert und zur Zielangabe des U hingeführt werden
  - o Verschiedene Typen des Einstiegs:
    - Problematisierender Einstieg: z.B. durch Karikaturen oder Witze

- Thematisierender Einstieg: Thema soll von SS erschlossen werden (aktiv, Kopf, Herz und Hand), z.B. Rätsel, originale Gegenstände, etc.
      - Informierender Einstieg: SS über geplante U-Inhalte und Ziele informieren und/oder in die Planung einzubeziehen
      - Vorkenntnis - mobilisierender Einstieg
      - Auch HA-Kontrolle kann verwendet werden, wenn für die Behandlung des Stundenthemas relevant
  - Meyer unterscheidet die Typen des Einstiegs nach der Intensität der Lehrer- und Schüleraktivität
      - Stark lehrerzentrierte Einstiege (HA-Kontrolle, Wiederholung, informierender Einstieg des Lehrers über Unterrichtsinhalte)
      - Informierende Einstiege in lebendiger und visuell anregender Form (Interviews, Reportagen, Photos, Comics,…)
      - Schüleraktive Einstiege (=problematisierende Einstiege, z.B. Rätsel raten, Widerspruch konstruieren, bluffen…)
      - Schülerzentrierte Einstiege (Abfragen der Vorkenntnisse, Karteikartenspiel, Themenzentrierte Selbstdarstellung,…)

- **Erarbeitungsphase**
  - Zunächst: Lokalisation des zu behandelnden Themas
  - Hypothesenbildung (eigene Erfahrungswelt der SS)
  - Entwerfen von Lösungsstrategien
  - Zeitlichen Schwerpunkte der Erarbeitungsphase: Erarbeitung der Teilziele:
      - Informationsaufnahme zur Lösung des Problems oder der Themenstellung
      - Verarbeitung der Information
      - Teilsicherung des Lernziels
  - Jeder Teillernschritt bedarf einer Motivation und einer fixierten Teilzielsicherung am Schluss → am U-Ende: Gesamtüberblick

- **Sicherungsphase:**
  - Erarbeiteten Teilziele müssen überprüft und zum geistigen Besitz der SS werden durch Wiederholung → erste Lernerfolgskontrolle
  - Schriftliche Fixierung, soweit diese nicht schon in der Erarbeitungsphase erfolgt ist

- **Anwendungsphase** (sehr wichtig):
  - Erreichten Ziele müssen in einem größeren Zusammenhang gesehen werden → inhaltlicher oder räumlicher Transfer auf andere Beispiele → Wissen wird vertieft und erweitert

- **Kontrollphase:**
  - Können in einer U-Stunde mehrfach vorkommen
  - Zu unterscheiden: verständnis-kontrollierende, kleintaktige Impulse und eigentliche Kontrollphase
  - Ausführliche Kontrollphasen durch Zusammenfassung von Teil- oder Endergebnissen durch einen oder mehrere SS im Anschluss an einzelne Teilzielergebnisse oder am Stundenende angesetzt werden
  - Kontrolle der HA kann vor- oder nachbereitend sein

- Neben dem gerade ausgeführten Artikulationsmodell I, gibt es noch ein Artikulationsmodell I für offenen Unterricht:
  - Zeitlich über mehrere Stunden hinweg

o Vorbereitungsphase (Bereitstellung der Materialien), Erarbeitungsphase mit selb-
ständigem Arbeiten der SS, eigenverantwortliche Sicherungsphase

7.8 Exkursionen

7.8.1 Definition und Klassifikation

- **Definition Exkursion:**
Die Exkursion ist eine methodische Großform des Unterrichts mit dem Ziel der realen
Begegnung mit der räumlichen Wirklichkeit außerhalb des Klassenzimmers.
- Exkursion als Sammelbegriff für alle Schulveranstaltungen außerhalb des Klassenzim-
mers bzw. Schulgebäudes
- Klassifikation der Exkursionen:
    o Nach dem zeitlichen Aspekt: Unterrichtsgang, Tageswanderung, Mehrtagesex-
    kursion
    o Nach der Lehrer-Schüler-Aktivität: Übersichtsexkursion vs. Arbeitsexkursion
    o Nach dem didaktischen Ort (innerhalb der U-Einheit/ U-Sequenz):Motivations-,
    Arbeits-, Sicherungs-, Transferexkursion
    o Nach dem Grad der thematischen Bindung (nach der Lenkungsintensität des U):
    Freie, situationsgebundene vs. thematisch gebundene, lernzielbestimmte Ex-
    kursion
    o Nach fachlichen Gesichtspunkten: landeskundliche vs. thematische Exkursion
    o Nach der Zielsetzung: Field Teaching, Field Research
    o Nach den verwendeten Unterrichtsmethoden
    o Nach dem Intensitätsgrad des erdkundlichen Aspektes: erdkundliche Exkursion,
    fächerübergreifend

7.8.2 Bedeutung von Exkursionen in erdkundlichen Lehrplänen

- Neue Konzeption des Lehrplanaufbaus zieht Exkursionen unter dem Motto „Regionale
Geographie in globaler und allgemeingeographischer Vernetzung"
→ Erkundung des Nahraums → Transfer-Beispiele in den Fernraum

7.8.3 Vorteile und Schwierigkeiten des Einsatzes von Exkursionen

- **Vorteile** (Auswahl)**:**
    o Konfrontation mit der Wirklichkeit → wichtige Primärerfahrungen
    o Möglichkeit der Selbsttätigkeit und praktische Übungen (Anwendung geographi-
    scher Arbeitsmethoden
    o Möglichkeiten der Gemeinschaftsarbeit, Verbesserung des Lehrer/Schüler-
    Verhältnisses → soziale Lernziele
    o Heimatbezug: freudiges Erleben und Erfahren der eigenen Umwelt
    o Stärkere Motivation
    o Längeres Behalten der gewonnen Erkenntnisse im Gedächtnis
- **Nachtteile** (Auswahl)**:**
    o Große Arbeitsbelastung und zeitliche Beanspruchung für L und S
    o Stundenplanprobleme (z.B. Vertretung für L)
    o Organisatorische Probleme (z.B. Transport)
    o Disziplinprobleme
    o Finanzierungsprobleme

- o Aufsichtspflicht
- o Wetterabhängig

<u>7.8.4 Anwendung fachspezifischer Arbeitsweisen (Fachmethoden) auf Exkursionen</u>
- Fachspezifische Arbeitsweisen des GeoU lassen sich einteilen in Methoden der **Informationsbeschaffung** (direkter Konfrontation mit der Wirklichkeit), **Informationsaufbereitung und –darstellung** (Nachbereitung) →letzter Schritt: Informationsdeutung
- Methoden der Informationsbeschaffung:
  Beobachten, beschreiben, zählen, messen, Entnehmen von Proben, protokollieren, photographieren, Sammeln von Gegenständen, kartieren, befragen, skizzieren, etc.
  →die gewonnen Informationen müssen in der Nachbereitung verarbeitet und auf Medien dargestellt werden
- Fremdproduzierte Medien, die direkt auf der Exkursion eingesetzt werden können:
  Ortskundige Experten, physische Karten und Pläne, Arbeitsblätter, Einsatz von Photos, Statistiken, Kompass, etc.

<u>7.8.5 Einsatz von Unterrichtsmethoden auf Orten</u>
- Auf Exkursion können zahlreiche **methodische Grundformen und einige Großformen** eingesetzt werden:
  - o **Sozialform:**
    - Gruppenarbeit: ideal, weniger praktische Realisierungsschwierigkeiten wie im Klassenzimmer → fördert Kommunikation unter den SS (Miteinander, Sich-helfen)
    - Partnerarbeit: bei Informationsbeschaffung ist ein gemeinschaftliches Erarbeiten vorteilhafter
    - Einzelarbeit: kommt i. d. R. nur in engem Kontakt zum Frontalunterricht bei der Sicherung zum Einsatz
  - o **Aktionsform:**
    - Entdeckenlassendes Verfahren (dominierende Form):
      Verwendung zahlreicher Arbeitsweisen des instrumentalen Lernzielbereichs die soziale und affektive Kompetenz anstrebt
    - Darbietendes Verfahren des Ls oder anderer Fachkräfte:
      v. a auf Übersichtsexkursionen; abhängig von der Art des außerhalb des Klassenzimmers aufgesuchten Objekts (z.B. aufgrund der Aufsichtspflicht bei Betriebserkundungen) oder wenn L verschiedene Arbeitstechniken demonstriert werden müssen
    - Darbietendes Verfahren der SS (Kurzreferate, Durchführung von Experimenten)
    - Erarbeitendes Verfahren
  - o Unter den methodischen Großformen sind es v. a. zahlreiche **Spielformen** außerhalb des Klassenzimmers
    - Geländespiel:
      - Durch räumliche Erfahrungen wird das räumliche Vorstellungsvermögen gefördert
      - Distanz- und Höhenerfahrungen können gemacht werden und Boden und Vegetation sollen berücksichtigt werden

- V. a. instrumentale verbunden mit sozialen Lernziele stehen im
  Vordergrund
- Anregungen für sinnvolle Freizeitgestaltung (nicht nur affektiv,
  auch aktionale Aspekte werden berücksichtigt)
  - Dorf- oder Stadtrallye:
    - SS erkunden die Stadt in historischer und räumlicher Dimension,
      ergründen den Einfluss raumwirksamer menschlicher Aktivitäten
    - V. a. zur Informationsbeschaffung
- Enge Verbindung zwischen **Projekt und Exkursion**:
  - Gemeinsamkeiten:
    Hohe Selbsttätigkeit und Handlungsorientierung, unmittelbare Begegnung,
    gemeinschaftliches Lernen in Gruppenarbeit, hohes Engagement der SS, etc.
  - Unterschiede:
    Selbstbestimmung der SS ist in einem Projekt stärker ausgeprägt, stärkere
    Schülerorientierung bei Projekten (L ist nur Informant), Projekt ist fächerüber-
    greifend, etc.

→häufig finden Exkursionen ihren Einsatz in projektartigen Vorhaben, Projekttagen, etc.

7.8.6 Einsatz von Exkursionen an verschiedenen didaktischen Orten

- Exkursionen können in unterschiedlichen Phasen des Unterrichtsprozesses mit verschie-
  denen Funktionen und Zielen eingesetzt werden:
  - Einstiegsphase:
    - Motivation und Hinführung zur Problem- und Themenstellung
  - Erarbeitungsphase:
    - Zur Materialbeschaffung→ zielgerichtete Arbeitsexkursion
  - Sicherungsphase:
    - festigende Exkursion, v. a. in der gymnasialen Oberstufe
    - Übersichtsexkursion: Veranschaulichung abstrakt gewonnener Erkennt-
      nisse und dient der Sicherung
  - Anwendungsphase (spielt bei der Exkursion nur eine geringe Rolle)
    → Transfer: Fernraum

7.8.7 Maßnahmen zur Vorbereitung, Durchführung und Nachbereitung von Exkursionen

- Trotz der Verschiedenartigkeit der Exkursionen ergibt sich ein Dreischritt:
  - **Vorbereitung**: Aktivität des Ls
  - **Durchführung:** Aktivität der S
  - **Nachbereitung:** Aktivität ist gleichmäßig verteilt
- Maßnahmen der Vorbereitung:
  - Organisatorische Maßnahmen (Verkehrsmittel, Aufsicht, Unterkunft, etc.)
  - Inhaltliche, didaktische und methodische Maßnahmen (Material, Wahl des U-
    Gegenstands, Problemstellung und Ziele, Unterrichtsmethoden, etc.)
- Maßnahmen der Durchführung:
  Grundmuster für eine Arbeitsexkursion:
  - Maßnahmen des Einstiegs (Lokalisation, Geländebesichtigung, Klärung von Fra-
    gen zu den Arbeitsaufträgen)
  - Maßnahmen der Erarbeitung (Materialsammlung, Ergänzende Führung durch Ex-
    perten, Einsatz verschiedener Medien)

- o Erste Maßnahmen der Nachbereitung (Vorstellung der Ergebnisse, Bearbeiten von Unklarheiten, Fragen)
- Maßnahmen der Nachbereitung:
  - o Organisatorische Maßnahmen (untergeordnete Rolle: Aufräumen, Abrechnung, Dank an beteiligte Personen, etc.)
  - o Inhaltliche, didaktische und methodische Maßnahmen (Auswertung, Sicherung, Vertiefung, und Anwendung einer Unterrichtseinheit)
    - Findet v. a. im Klassenzimmer statt
    - Erst sollen SS ihre persönlichen und emotionalen Eindrücke schildern, anschließend beginnt die eigentliche Nachbereitung → Umsetzung der Ergebnisse

7.8.8 Aufbau von Exkursionsbeispielen
- Viele Themen sind bereits im Lehrplan vorgegeben → L muss Ziel formulieren
- Sachanalyse (Lagebestimmung, Strukturierung der Inhalte der Exkursion)
- Didaktische Analyse (begründete Auswahl und Anordnung der Exkursionsinhalte:
  - o Gesellschaftsrelevanz
  - o Schülerrelevanz
  - o Fachrelevanz
  - o Strukturierung und Abfolge der Inhalte
- Methodische Analyse (Unterrichtsphasen, Auswahl und Begründung von Medien, etc.)
- Lernzielanalyse
- Verlaufsplanung (Vorbereitung, Durchführung und Nachbereitung der Exkursion)
- Transfer- und Erweiterungsmöglichkeiten:
  - o räumlicher Transfer: vergleichendes Verfahren mit ähnlichen Phänomenen, Prozessen, etc.
  - o inhaltlicher Transfer: Übertragung von Fachinhalten auf geplante U-Stunden
  - o methodischer Transfer: auf Exkursion erlernten und eingeübten Arbeitsweisen auf andere unterrichtliche Vorhaben anwenden
- Arbeitsblätter (Verzeichnisse von Arbeits- und Hilfsmitteln, Literatur und Quellen, Kontaktadressen)

7.9 Projekte
7.9.1 Definition und Merkmale
- **Projekt**: konkretes Lernunternehmen, das von einer Projektgruppe geplant und durchgeführt wird
- **Projektorientierter Unterricht/projektorientiertes Lernen**: dann, wenn einige Merkmale des Projektunterrichts weggelassen werden. Es stütz sich nur auf zwei oder drei Komponenten
- **Projektlernen**: umfasst im Projektunterricht oder projektorientierten Unterricht neben dem Erwerb von Sachkompetenz auch die Erarbeitung von Sozialkompetenz und Methodenkompetenz
- **Projektarbeit**: aktive Beschäftigung mit einem Thema im Rahmen eines Unterrichtsprojekts
- **Definition des Projekts für den Geographieunterricht**:

Das Projekt ist ein selbstorganisiertes, handlungsorientiertes, interdisziplinäres Lernunternehmen, das zu Lösung von realen Problemen in gemeinsamem Zusammenwirken von Schülern, Lehrern und sonstigen Beteiligten geplant, durchgeführt und nachbereitet wird mit dem übergeordneten Ziel, durch Präsentation von Ergebnissen einen Beitrag zu vernetzendem Denken, sozialem Lernen und damit zur Demokratisierung der Gesellschaft zu leisten.

Merkmale/ Vorteile:

- Bedürfnisbezogenheit/ Orientierung an den Interessen der Beteiligten
  - SS entscheiden das Thema (Vorerfahrungen!); entweder frei von den SS vorgeschlagen oder mehrere Themenvorschläge vom L zur Auswahl
  - Interesse entwickelt sich auch oftmals erst im Laufe des Projekts durch Handlungserfahrungen
- Situationsbezogenheit/Wirklichkeitsnähe
  - Tatsächliche, für Schüler erfahrbare Situationen
  - Aufgaben und Probleme, die unmittelbar mit der Umwelt (sozial, kulturelle, wirtschaftlich) der S in Verbindung stehen
- Interdisziplinarität
  - Oftmals fächerübergreifend (-> Team Teaching)
- Selbstorganisation und Selbstverantwortung
  - S arbeiten selbstständig: sie planen, beurteilen und sind für ihre Ergebnisse verantwortlich
  - Voraussetzung: Einüben der Arbeitsweisen im Vorfeld (z. B. Materialsuche)
  - Wichtig: Reflexions- und Koordinationsphasen = Fixpunkte
- Zielgerichtete Projektplanung/begrenzte Aufgaben- und Problemstellung
  - S sollen Ziele mitbestimmen: Lehrziel -> Lernziel
  - Verschiedene Arbeitsweisen, deren Dauer und Abfolge und die Übernahme durch Personen in Gruppen-, Partner- oder Einzelarbeit muss geplant und organisiert werden
- Kollektive Realisierung/soziales Lernen
  - Projektbeteiligten tragen in allen Phasen durch die Bearbeitung ihrer übernommenen Teilaufgabe zum Ergebnis bei
  - Nicht nur fachliche Lernziele, auch sozial Lernziele sind wichtig: Zusammenarbeit, gegenseitige Rücksichtnahme, Abstimmung von Ergebnissen, Bewältigung gruppendynamischer Prozesse, etc.
- Einbeziehung vieler Sinne
  - Geistige und körperliche Arbeit vereinen, wie im Spiel
- Produktorientierung
  - Ergebnis = Handlungsprodukte, die bei Ausstellungen, Zeitungsartikeln etc. von der Öffentlichkeit beurteilt werden können
  - S lernt produktorientiert zu arbeiten und sein Ergebnis zu präsentieren
- Gesellschaftliche Praxisrelevanz
  - Gesellschaftlicher Bezug schulischen Lernens wird gestärkt
  - Teils können die Projektteilnehmer bei lokalen und regionalen Entwicklungen mitwirken (z.B.: Gestaltung eines Spielplatzes)

Grenzen/ Probleme:

- o Schwierig, wenn durch inhaltliche Vorgaben, Angaben der Teilziele und vorher festgelegte Arbeitsweisen stark reduzierte Lernprozesse ablaufen sollen
- o Kein optimales Lernverfahren, um Inhalte schnell zu erarbeiten (-> SS entwickeln Lernschritte selbst)
- o Nicht geeignet, eng gefasste Lernaufgaben zu ermitteln,
- o Erschwert die Lernkontrolle in Form der üblichen Stegreifaufgaben, weil die angestrebten Ziele nicht genau determiniert werden können
- o Benachteiligt gehemmte und schwache Schüler (-> besondere Betreuung)
- o Für den Lehrer schwierige und aufwendige Unterrichtsmethode (Hilfsmittel besorgen, den Lernprozess begleiten, beraten und unterstützen, Schwierigkeiten abfangen)

7.9.2 Ablauf des Projekts: offene Unterrichtsform -> begrenzt planbar

- **Initialphase**
  - o Projektinitiative:
    - Von Lehren, Eltern, SS: Sachinteresse oder Betroffenheit
  - o Für Themen- und Zielfindung wichtig:
    - Bildungswert des Themas (Lehrplanbezug ?)
    - Gesellschaftliche Relevanz
    - Interesse der SS
    - Aktualität
    - Angemessenheit der Projektmethode
    - Relation von Zeitaufwand und erwartetem Effekt
    - Materialkosten und –beschaffung
    - Schulische Voraussetzungen: Organisation, Räume, Medien, etc.
- **Planungsphase**
  - o Überlegungen zum Gesamtprojekt: Eingrenzung des Themas, Gesprächsregeln, Zeitlimit, etc.
  - o Ermittlung der Einzelaufgaben: klare Arbeitsschwerpunkte und Ziele
  - o Zusammensetzung der Gruppen: mit Verteilung der Arbeitsaufträge
  - o Planung der Teilschritte und des Zeitaufwandes
  - o Überlegungen zur Art der Dokumentation/ Präsentation
  - o Planung muss für alle zugänglich schrittlich fixiert werden (Plakate, etc.)
- **Durchführungsphase**
  - o Arbeit in Kleingruppen (Informationsgewinnung und –fixierung: Reflexion und Fixpunkte)
  - o Allgemeine Fixpunkte im Plan, zu denen alle Kleingruppen ihre Ergebnisse/ Schwierigkeiten mit den anderen Gruppen austauschen

- **Auswertungsphase**
  - o Vorstellung, Diskussion, Bewertung (Effektivität der Arbeitsschritte, Vergleich von Projektergebnisse,…)
  - o Beurteilungskriterien können eingeübt werden
  - o Zusammenfassen der Endergebnisse

- **Anwendungsphase**
  - o Gemeinsame Überlegungen zur möglichen Dokumentation und Anwendung (Ausstellung, Vorführung, Zeitungsartikel, Bericht im Radio/Fernsehen, etc)
  - o Präsentation in der Öffentlichkeit
  - o Anwendung/Gebrauch der Projektergebnisse

7.9.3 Projektbeispiele

- Umwelterziehung: Flussbegradigung, Luftverschmutzung, Müllbeseitigung in der Schule, Gewässerverschmutzung, Kernkraftwerk in unserer Stadt, etc.
- Interkulturelle Erziehung: Integration ausländischer Mitbürger
- Probleme in Dörfern und Städten: Wohnen auf dem Land – Arbeiten in der Stadt
- Verkehrsprobleme: Einrichtung eines Fußgängerüberganges, einer Fußgängerzone
- Freizeitaktivitäten: Einrichtung eines Spielplatzes, Bau eines Radweges

7.10 Moderationsbeispiele

7.10.1 Definition und Merkmale

- **Definition Moderationsmethode:**
  Methodische Großform, deren Gestaltungselemente die Moderatorenhaltung, die optische Gestaltung und die Frageformulierung sind
- Wesentliche Merkmale: hohe Selbstbeteiligung der Teilnehmer und die angewandten Medien
- Ziel: gemeinsam zu diskutieren und Beschlüsse zu fassen (gleichberechtigte Kommunikation) → Selbstbestimmung, Eigeninitiative, freie Entfaltung

7.10.2 Grundprinzipien der Moderationsmethoden

- **Moderatorenhaltung:**
  - o Methodischer Helfer → ermöglicht den Meinungs- und Willensprozess der Gruppe, ohne inhaltlich einzugreifen bzw. zu steuern
  - o Soll Teilnehmer als gleichberechtigt betrachten
  - o Alle Teilnehmer haben Entscheidungsfreiheit
- **Optische Gestaltung (Visualisierung):**
  - o Schriftliche Darstellung von Informationen, Fragen, etc.
  - o Wichtig: erhöht Konzentration und Aufmerksamkeit, verbessert Behaltungsleistung
  - o Visualisierung auf Pinnwänden:
    - Netzstruktur (Abhängigkeiten, Wechselwirkungen, etc.)
    - Baumstruktur (Aufzeigen von hierarchischen Zusammenhängen)
    - Tabellenstruktur (Darstellen von Teilmengen durch Unterstreichen)
  - o Durch die Visualisierung entsteht automatisch ein Protokoll (kann durch Fotos festgehalten werden)

- **Frageformulierung (Frage- und Antworttechniken):**
  - o Jeder Schritt wird durch eine Frage eingeleitet→Interaktionsprozess wird angeregt
  - o Jeder Frage ist an eine bestimmte Absicht geknüpft:

- Sammelfragen (Position alles Teilnehmer wird eingeholt: Brainstorming bzw. Kartenfragen)
- Bearbeitungsfragen (Suche nach Lösungsmöglichkeiten in Kleingruppen)
- Transparenzfragen (Reflexion über den Lernprozess)

7.10.3 Phasen des Moderationsablaufs

- **Vorbereitung und Planung** (liegt außerhalb der eigentlichen Moderation)
  - Zu berücksichtigende Planungsmaßnahmen:
    Zielsetzung und Leitfragen, Lerninhalte, erforderliche Materialien, mögliche Probleme, Größe und Zusammensetzung der Teilnehmergruppe, etc.
- **Einstieg und Einführung in die Thematik bzw. Problematik:**
  - Funktion:
    - Freundlicher Empfang → signalisiert Wertschätzung der SS → Motivation
    - „Spielregeln" werden abgesprochen
    - Vorstellung des Ziels der Sitzung
  - Einführung in die Thematik häufig mit Einpunktfragen (=Sammelfragen)
    → Sensibilisierung der Teilnehmer für das Thema
- **Vertiefung und Differenzierung:**
  - Brainstorming mit Hilfe der Kartenfragen
  - Jede Arbeitsgruppe benötigt einen Moderatorenkoffer und eine Pinnwand
  - Bewertung der Themenbereiche durch Mehrpunktfragen
  - Weitere Diskussion in Kleingruppen → Plakat gestalten
- **Präsentation der Ergebnisse nach bestimmte „Spielregeln":**
  - Einzelne Präsentation dürfen nicht unterbrochen werden (max. 5 min)
  - Anmerkungen, Verständnisfragen, etc. müssen von den Zuhörern notiert werden
  - Max. 2 Teammitglieder erläutern den Inhalt ihres Plakats
  - Bewertung der Ergebnisse in der Diskussion
- **Nachbetrachtung (Reflexion des Prozesses) → Feedback**
- **Protokoll**

7.10.4 Einsatz der Moderationsmethode im Geographieunterricht

- Gut geeignet für entdeckendes Lernen → Aktivierung aller SS
- Erst für höhere Jahrgangsstufe geeignet
- Geht über mehrere Stunden hinweg → selten einsetzbar, aber einzelne Schritte können in UR einfließen
- Eignet sich nicht bei neuen Themen, SS müssen über Sachwissen verfügen
- Didaktischer Ort:
  - Einstieg in ein Thema oder Planung eines Projekts (wenn genügend Vorwissen vorhanden)
  - Erfolgssicherung und Wiederholungs-/Übungsphase
  - → Wissen zusammentragen und Strukturieren

7.10.5 Vor- und Nachteile des Einsatzes der Moderationsmethode

- **Vorteile:**
  - Gleichberechtigung der SS
  - Selbstständiges Anwenden von Methoden durch SS

- o   Erhöhung der Lernmotivation und engere Beziehung zum Lerninhalt
- o   Mehrkanalige Informationsweitergabe durch die Visualisierung
- o   Ständiger Wechsel der Sozial- und Aktionsformen
- **Nachteile:**
  - o   Zeitaufwendige Vorbereitungsphase
  - o   Größe der Klassen
- → Herausforderung für L und SS durch die neue Rollenverteilung

7.11 Lernen durch Lehren (LdL)

- **Definition:**
  „Lernen durch Lehren" beruht auf dem Prinzip, dass der UR weitgehend von SS verantwortet wird, d. h. S werden zu Lehrpersonen
  →SS werden aktiv in das UR - Geschehen eingebunden
- S lernen die U-Inhalte, planen das methodische Vorgehen und reflektieren es immer unter Anleitung des Ls
- J.P Martin gilt als Begründer des LdL
- **Ablauf** des LdL-Einsatzes:
  - o   1. Phase: Einführung durch die Lehrkraft (Informationsinteresse)
    - ▪ L erklärt Konzept und Ziele der neuen Methode
    - ▪ Er verteilt die Arbeitsaufträge in gute zeitlicher Vorgabe (Wochen!)
  - o   2. Phase: Vorbereitung des U durch die Schüler (Informationsaufnahme, -verarbeitung und –speicherung)
    - ▪ SS bearbeiten die ausgeteilten Materialien und überlegen, wie sie die Lerninhalte ihren Mitschülern vermitteln können
    - ▪ Arbeitsaufträge sollen vor allem zu Hause und in der Freiarbeit bearbeitet werden oder in Partner- bzw. Gruppenarbeit im UR
    - ▪ L kann jeder Zeit um Rat gefragt werden
    - ▪ SS speichern die Ergebnisse in vorher festgelegter Form
  - o   3. Phase: Schüler (als Lehrer) präsentieren und sichern die Ergebnisse im Plenum (Anwendung der gespeicherten Information)
    - ▪ SS übernehmen die Lehrerrolle und präsentieren
    - ▪ Sicherung der Ergebnisse
    - ▪ Der Schüler stellt mit dem L die abgesprochene Hausaufgabe
  - o   4. Phase: Leistungstest in Einzelarbeit
  - o   5. Phase: Evaluierung durch die Schüler
    - ▪ Befragungen durch anonyme Fragebögen
    - ▪ Verbesserungsvorschläge/ Kritik
- **Vorteile** des LdL-Einsatzes (Auswahl!):
  - o   U-Inhalte werden von den SS intensiver bearbeitet, und die Schüler sind wesentlich aktiver
  - o   Hemmschwelle von S zu S ist geringer; S trauen sich eher zum Rat zu fragen
  - o   L erkennt Verständnislücken schneller, kann gezielt und individuell reagieren
  - o   Pünktlichkeit, Zuverlässigkeit, Ausdauer und Planungskompetenz gefordert
- **Nachteile** des LdL-Einsatzes (Auswahl!):
  - o   Höherer Zeitaufwand bei der Einführung
  - o   Höherer Arbeitsaufwand für SS und L

o Gefahr der Eintönigkeit, wenn der L keine methodischen Hinweise liefert

o Überforderung der SS bei der Planung kleinerer Unterrichtsschritte

7.12 Spiele

7.12.1 Definition und Klassifikation

- **Definition Spiele im GeoU:**
  Spiele im GeoU sind zielorientierte Unterrichtsmethoden, eingesetzt mit der Absicht, Wahrnehmen, Denken, Entscheiden und Handeln zu fördern
- **Merkmale** des Spiels (Auswahl):
  o Spielen ist Selbstzweck → frei von Zwängen
  o Spielen ist in sich zielgerichtet → eigene Dynamik
  o Spielen ist ein Prozess, der sich in verschiedene Richtungen entwickeln kann
  o Gleiche Rechte und Chancen für alle Mitspieler
  o Erfordert die Anerkennung von Spielregeln
- Spielen ist offenes, handlungsorientiertes Arbeiten
  → Wirksame Auseinandersetzung mit dem U-Gegenstand → größerer Lernerfolg
- **Verschiedene Spielformen:**
  o Interaktionsspiele (Spannung, Spaß und Erholung)
  o Simulationsspiele (regelgeleitete, absichtsvolle Simulation von Konflikten und Entscheidungsprozessen)
  o Szenische Spiele (körperbezogene ästhetische Darstellungen einer symbolisch vermittelten Wirklichkeit)

7.12.2 Interaktionsspiele: Lernspiele und Erkundungsspiele (Rallyes)

- Interaktionsspiele in der Schule → Kompensationsfunktion zum Frontal-U
- **Lernspiele:**
  o Verbindet Merkmale des freien Spiels mit bestimmten Lernabsichten
  o Zweck: Erwerb und Festigung von Kenntnissen auf spielerische Weise
  o Fremdbestimmt, lernzielorientiert, handlungsorientiert, lustbetont, klar geregelt, benotungsfrei
  o Spielformen: Memory, Quiz, Ratespiele, Puzzle, etc.
  o Didaktischer Ort: v. a. Übungs- und Wiederholungsphasen
- **Erkundungsspiele:**
  o Orientierungs- und Geländespiele (Rallyes)
  o Wichtig: spielerisches Erkunden des Nahraums auf Exkursionen, Wandertagen, etc.
  o Neben körperlichen Bewegung und Schulung der sozial Kompetenz werden folgende geographische Arbeitstechniken eingesetzt (Auswahl):
    - Orientierung mit Hilfe von Karten, Kompass, etc.
    - Schätzen von Entfernungen
    - Erstellen von Skizzen
    - Befragen von Besuchern, Passanten
  o Wichtig: Wechsel von Aufgaben: Ordnungsaufgaben, Sammelaufgaben, Geschicklichkeitsaufgaben, etc.

<u>7.12.3 Simulationsspiele: Rollenspiele und Planspiele, Computersimulationsspiele</u>
- Größte Nähe zum regulären UR → rationale Auseinandersetzung mit der Wirklichkeit
- **Spielformen:**
  - **Rollenspiele (offene Struktur):**
    - SS übernehmen im darstellenden Spiel Rollen von Personen, welche Raumwirksame Entscheidungen zu treffen haben
    - Arten des Rollenspiels:
      - Gelenktes Rollenspiel (=vorbereitetes Rollenspiel)
      - Offenes, freies, spontanes Rollenspiel (= Stegreifrollenspiel)
    - Kurzzeitiges Einbauen in die U-Stunde
    - Phasen des Rollenspiels:
      - Vorbereitungsphase (Welches Ziel? Besetzung der Rollen, etc.)
      - Spielphase
      - Auswertungsphase (SS lösen sich von ihrer Rolle, allgemeine Diskussion)
    - Vorteile von Rollenspielen:
      - Sachliche Angriffe haben keine persönlichen Auswirkungen auf den Rolleninhaber
      - SS wird die Vielschichtigkeit geographischer Sachverhalte deutlich
      - Übt Umgang mit Konfliktsituationen und Kompromissfähigkeit ein
    - Nachteile von Rollenspielen:
      - Identifikation mit einer Rolle darf nur einen bestimmten Zeitraum dauern und nicht zu intensiv sein
      - Deutlicher Beginn und Ende der Rolle muss gegeben sein
      - Rolle darf nicht zu nah an der Person sein
  - **Planspiele (offene Struktur)**
    - Rekonstruktionen von Realsituationen, in denen verschiedene Akteure (Gruppen) bei einem zu lösenden Konflikt ihre Interessen durchsetzen wollen → Entscheidungsbezogen
      - Offene Planspiele: Konflikt-/Problemsituation mit offener Lösung
      - Geschlossene Planspiele: Ziel ist gegeben, notwendigen Entscheidungen auf das Ziel hin müssen erst getroffen werden
    - Ideal: L sollte selbst Planspiele anfertigen, die er für die jeweilige Lerngruppe entwickelt hat (zeitaufwendig!)
    - Phasen des Planspiels (formell, kann nicht genau geplant sein → offener Verlauf):
      - Vorbereitungsphase
      - Informations- und Erarbeitungsphase (Interessensgruppen)
      - Entscheidungsphase (Plenumsdiskussion)
      - Reflexionsphase (sehr wichtig)
    - Bsp.: Bau einer Umgehungsstraße, Altstadtsanierung, etc.
    - Vorteile (Auswahl):
      - Verstärkte SS-Motivation
      - Fördert selbstständige und kreative Informationsbeschaffung und –verarbeitung
      - Fördern Kommunikationsfähigkeit
      - Verdeutlichen Konsequenzen von Entscheidungen

- Nachteile (Auswahl):
    - Dient der Entscheidungsfinden →Wissen muss bereits vorhanden sein
    - Benötigte Arbeitstechniken müssen eingeübt sein
    - Verlangen die engagierte Identifikation mit Rollen
    - Muss die SS auch emotional ansprechen
- **Computersimulationsspiele (geschlossene Struktur)**
  - Simulation von raumwirksamen Prozessen am Computer
  - Vorteile (Auswahl):
    - Bezüglich des Lernprozesses:
      Gesteigerte Motivation; entdeckendes, individuelles Lernen; Wechsel von analytischem und synthetischem Denken
    - Bezüglich der Inhaltsstruktur:
      Erleichterung des Denkens in vernetzten Systemen, Erwerb kybernetischen Wissens
    - Bezüglich der technischen Möglichkeiten:
      Der Ablauf kann individuelle gelenkt werden, komplexe Systeme werden leichter erfasst
    - Bezüglich der Realisierung von wissenschaftsorientiertem UR:
      Computersimulation als wissenschaftliche Methode, Erschließen von komplexen Problemen mit interdisziplinärem Charakter
  - Nachteile (Auswahl):
    - Zu starke Vereinfachung und Reduzierung von Parametern
    - Keine Operationalisierbarkeit von affektiven Lernzielen möglich
    - Unberechenbarkeit von menschlichem Handeln wird nicht berücksichtigt

7.12.4 Szenische Spiele oder darstellende Spiele

- Spiele und Darstellen von Situationen zum Veranschaulichen von Sachverhalten, aber lustbetont
  → Lernen wird zum Erlebnis (lebendig, motivierend)
- Im GeoU schwierig, aber möglich: Begriffe auf wesentliche Elemente reduziert vorstellen
  → Betrachter der Szene sollen aus wenigen Merkmalen auf den Begriff schließen können

7.13 Stationenlernen oder Lernzirkel – eine Form der Freiarbeit

7.13.1 Formen der Freiarbeit: Werkstattunterricht, Wochenplanarbeit und Stationenlernen

- Selbstbestimmtes Lernen im offenen UR
- Die S können:
  - Aus Spiel- und Lernangeboten Ziele und Inhalte selbstständig auswählen
  - Die Sozialform selbst auswählen
  - Arbeitsprozess selbst einteilen (Arbeitstempo, Reihenfolge)
  - Vom L zur Verfügung gestellten Medien selbst auswählen
  - Arbeitsaufträge selbstständig kontrollieren
  - L wenn nötig um Hilfe beten

- **Gelingen von Freiarbeit ist verbunden mit:**
  - o Soziale Verpflichtungen: man muss sich an die Umgangsregeln halten
  - o Benötigte Lern- und Arbeitsmaterialien müssen eingeübt worden sein
- **Geläufige Organisationsformen der Freiarbeit:**
  - o **Werkstattunterricht:**
    - Projektartiges Arbeiten an einer Sache über einen längeren Zeitraum mit anschließender Präsentation (handlungsorientiert)
    - L ist nur Helfer
  - o **Wochenplanarbeit:**
    - SS erhalten einen schriftlichen Aufgabenplan für 1 Woche, den sie in dafür eigens ausgewiesenen U-Stunden und zu Hause erledigen sollen
    - Zusammensetzung: Pflicht- und Wahlaufgaben mit vorgegebener Sozialform → am Ende der Woche: Vorstellung der Ergebnisse
    - Ziel: Organisation des eigenen Lernprozesses und Finden des eigenen Arbeitsrhythmus
  - o **Stationenlernen/Lernzirkel:**
    - SS sollen in selbstgewählten Lerngruppen den Lerninhalt an verschiedenen Stationen möglichst vielseitig und abwechslungsreiche erarbeiten
    - Aufgabe des L: Berater, Organisator (Tische, Arbeitsaufträge, Gliederung des Stoffes, …)
    - Es müssen genügend Stationen zur Verfügung stehen, damit eine Auswahl möglich ist (nicht alle Stationen müssen bearbeitet werden)
    - **Formen** der Unterrichtsmethode
      - nach Peterssen: <u>Lernzirkel</u> (ganzer Zirkel muss durchlaufen werden) vs. <u>Stationenlernen</u>
      - Nach Wiater: <u>gebundenes Stationentraining</u> (feste Gruppen gehen zu festen Zeiten an feste Stationen vs. <u>freies Stationentraining</u> (freie Gruppen und Stationenwahl)
      - Nach Köck: Lernzirkel (selbstständige Erschließung eines Themas anhand von vorgegebenen Materialien) vs. Übungszirkel (Wiederholung von vorher erarbeiteten Ergebnissen)

<u>7.13.2 Ziele des Lernzirkeleinsatzes</u>

- **Sachkompetenz:**
  - o Schülerorientierter Erwerb vom Lehrplan geforderter Sachkenntnisse
  - o Fächerübergreifend: verschiedene Lerneingangskanäle und Repräsentationsebenen
- **Methodenkompetenz:**
  - o Erwerb von Informationen mit Hilfe geographischer Arbeitsweisen → Interpretation der vorgegebenen Medien
  - o Zulassen von eigenständigen Lern- und Lösungswegen (Arbeitsreihenfolge, Aufgaben,…)
- **Sozialkompetenz:**
  - o Verantwortliche, zielorientiertes Arbeiten und Kooperation und Kommunikation mit Mitschülern
  - o Schulklasse + L = Lernteam → gegenseitige Hilfestellung

- **Gefühlskompetenz**
  - o Förderung des emotionalen Lernens (z.B. Umweltthemen)

7.13.3 Bedeutung des Lernzirkels im Geographieunterricht

- Besonders geeignet bei Themen, die verschiedene inhaltliche Facetten haben
  → können als Teileinheiten behandelt werden (können alle bearbeitet werden, müssen aber nicht)
  → Erarbeitung auf vielen methodischen Wegen und vielfältigen Sinnerfahrungen (Medieneinsatz und Experimenteinsatz)
- Themenbereich eines Lernzirkels lassen sich fachwissenschaftlich strukturieren und in einzelne Einheiten/Stationen aufgliedern (logischer Zusammenhang wichtig, keine bestimmte Abfolge!)
- V. a. regionale Themen eignen sich: Bsp.: Amerika:
  - o 1. Lernzirkel: „Vielfalt des Landes" (Topographie, Klima, polit. Gliederung,...)
  - o 2. Lernzirkel: „Vielfalt der Menschen" (Immigration, settlement, cities,...)
  - o 3. Lernzirkel: „Vielfalt der Wirtschaft" (Landwirtschaft, Obstanbau,...)
- Vielfalt an geographischen Medien ist positiv für das Stationenlernen (Karten, Bilder, Statistiken, Experimente,...)
  →Methodenkompetenz kann sich aber auch nur auf ein Medium konzentrieren

7.13.4 Organisation des Lernzirkels

- **Maßnahmen** für den L zur organisatorischen Ausstattung der Stationen:
  - o Info- und Stationskarten folieren
  - o Zusatzmaterial zusammenstellen
  - o Erarbeitungs- und Sicherungsblätter für SS erstellen und bereitlegen
  - o Laufzettel herstellen
  - o Stellplan der Stationen entwerfen
  - o Planung der Einführungs- und der Schlussstunde
- **4 Unterrichtsphasen:**
  - o **Einführungsphase** (bei Ersteinführung können bis zu 3 Std. verwendet werden):
    - Thematische Einführung (Motivation!)
    - Organisatorische Einführung:
      - Überblick über Stationen und den Umgang mit den Stationen
      - Laufzettel wird ausgeteilt mit genauem Plan
      - Einteilung von Arbeitsteams und Stationenexperten
      - Neue Arbeitsregeln werden aufgestellt und Gestaltung des Klassenzimmers
  - o **Arbeitsphase:**
    - Umbau des Klassenzimmers und Aufbau der Stationen nach festem Plan
    - Arbeit der SS an den Stationen/Lehrer ist Moderator
  - o **Schlussphase:**
    Organisatorische Maßnahmen (Umbau, Aufräumen)
    Präsentation und Ausstellung der Ergebnisse
    Rückschau
  - o **Lernkontrollphase:**
    Leistungskontrolle durch SS nach jeder Station an einer Lösungsstation
    Lernkontrolle durch den Lehrer am Schluss durch einen Test

<u>7.13.5 Vorteile und Schwierigkeiten des Lernzirkels</u>
- **Vorteile** (v. a. für L) (Auswahl!):
  o Direkter Handlungsdruck und Beanspruchung des L im U wird abgebaut
    → L muss nicht zwangsweise im Mittelpunkt stehen
  o Unterschiedliches Arbeitstempo und Art der Bearbeitung werden akzeptiert
  o Individuelle Auseinandersetzung des Ls mit einzelnen SS oder Gruppen wird er-
    möglicht und stärker gefördert
  o L hat mehr Möglichkeiten die S und den U zu beobachten
- **Nachteile** (Auswahl!):
  o Nicht alle Themen eigenen sich: ein Thema muss sich zerlegen lassen und han-
    delnd erfahren werden können
  o Inhalte mit starkem erzieherischen Anteil bedürfen einer verstärkten Unterrichts-
    führung durch den L
  o Großer Arbeitsaufwand
  o Nicht jeder L will die Verantwortung und Aktivität aus der Hand geben
  o Schwierigere Leistungsmessung

7.14 Experimente

<u>7.14.1 Definition</u>
- Experiment als methodische Großform
- **Definition Experiment:**
  Verfahren zur überprüfbaren Ermittlung von Einsichten in geographisch relevante, regelhafte, und meist auf Naturphänomene bezogene Vorgänge. Diese werden zunächst iso-
  liert an Modellen oder geeigneten Objekten erzeugt, dann beobachtet und anschließend
  erklärt.
  → v. a. physiogeographischer und umweltökologischer Bereich

<u>7.14.2 Klassifikation von Experimenten im Geographieunterricht</u>
- **Klassifikation** der im Geographieunterricht eingesetzten Experimente:
  o **Nach der Versuchsanordnung**
    ▪ Modellexperimente (bilden die Natur nach):
      - Modellexperimente nach nachgeahmten geographischen Modellen
        (z.B. Globus, Plastikmodell)
      - Modellexperiment mit natürlichen geographischen Elementen (z.B.
        Kalkstein)
      - Modellexperimente mit chemischen oder physikalischen Mo-
        dellelementen (z.B. Entstehung einer Luftströmung)
      → vereinfachte und idealtypische Darstellung der Wirklichkeit
      → SS sollen daraus Rückschlüsse ziehen
    ▪ Naturexperimente (können auch außerhalb des Klassenzimmers statt-
      finden):
      - Am Makroobjekt: künstliche Auslösung eines Vorgangs (z.B. Fest-
        stellung der Fließgeschwindigkeit)
      - Am Mikroobjekt (relativ klein): experimentelle Messungen und Be-
        obachtungen anhand chemischer und physikalischer Versuchsan-
        ordnungen (z.B. Bodenproben)

- • Großer organisatorischer Aufwand, aber S können an Wirklichkeit teilhaben
  - o **Nach der methodischen Organisation/Zielsetzung**
    - ▪ Lehrer- oder Demonstrationsexperimente (Frontalunterricht): S beobachten und beschreiben den Sachverhalt; kann auch von einem S vorgeführt werden
    - ▪ Schülerexperimente: Aktionsexperiment: S (meist Schülergruppen) werden selbst aktiv (fördert Selbsttätigkeit und Selbstständigkeit und den Erwerb von Fertigkeiten)
    - ▪ Arbeitsteilige Experimente: ein Problem wird in mehrere Teilbereiche aufgespaltet
    - ▪ Arbeitsgleiche Experimente
  - o **Nach der zeitlichen Dauer**
    - ▪ Kurzzeitexperimente (10-20 min): dienen der Demonstration (vom L vorbereitet)
    - ▪ Langzeitexperimente (Tage-Wochen): Beobachtungszeit ist wichtig → S sollen über den Verlauf des Experiments selbst Hypothesen aufstellen; eigenständige Informationsbeschaffung und –deutung durch SS ist Voraussetzung
  - o **Nach der fachinhaltlichen Zuordnung**
    - ▪ Geologisch und geomorphologische Experimente (z.B. Plattentektonik)
    - ▪ Klimageographische Experimente (z.B. Verdunstung)
    - ▪ Hydrogeographische Experimente (z.B. Fließgeschwindigkeit von Gewässern)
    - ▪ Biogeographische Experimente (z.B. Klimabeeinflussung durch Pflanzen)
    - ▪ Umweltökologische Experimente (z.B. Filterwirkungen von Pflanzen)
  - o **Nach der didaktischen Funktion**
    - ▪ Einführungsexperimente/Problemexperimente
    - ▪ Erarbeitungsexperimente
    - ▪ Anwendungs-, Kontroll-, oder Bestätigungsexperiment (=Wiederholungs- und Übungsexperimente)
  - o **Nach der Auswertung der Ergebnisse**
    - ▪ Qualitative Experimente: Demonstration und Nachweis eines Effekts
    - ▪ Quantitative Experimente: fassbare Daten und Messergebnisse (hoher technischer Aufwand -> wird selten eingesetzt)

<u>7.14.3 Ziele des Einsatzes von Experimenten im Geographieunterricht</u>
- • **Kognitive Lernziele:**
  - o Vermittlung klarer Einsichten und Vorstellungen über den Ablauf von geographischen Prozessen an konkreten Objekten
  - o Nachahmung naturgesetzlicher Prozesse in verkleinertem Maßstab und starker Zeitraffung
  - o Führen den S zu klarem kausalen, funktionalen und abstrahierenden Denken
  - o Fördern kreatives Denken

- **Instrumentale Lernziele:**
  - o Besonders manuell begabte S mit Ausdrucksschwierigkeiten kommen zum Zug
  - o Befähigung des S zu genauer Beobachtung, Protokollierung und Messung ablaufender Prozesse
  - o Einblick in wissenschaftliches Arbeiten (Induktion)
- **Affektive Lernziele:**
  - o Anschaulich und selbsttätig → große Motivation und Interesse
  - o Festigung von als richtig anerkannten Einstellungen und Änderung von Verhaltensweisen
- **Soziale Lernziele:**
  - o Möglichkeit zur Gemeinschaftsarbeit (v. a. bei Schülerexperimenten)

7.14.4 Didaktischer Einsatzort der Experimente im Geographieunterricht

- 4 Möglichkeiten des Einsatzes von Experimenten im GeoU:
  - o **Einstiegsphase:**
    - Motivation → Neugierde wecken (besonders bei jüngeren S)
    - Einfacher Aufbau und kurze Vorführungdauer
    - → Demonstrationsexperiment
  - o **Erarbeitungsphase** (sehr guter Einsatzort):
    - Klärendes oder entdeckendes Experiment
    - → Lösung aufgeworfener Fragen und Probleme
    - Meist hohe Lehrerlenkung
  - o **Vertiefungs- und Ergebnissicherungsphase:**
    - Anwendungs-, Kontroll-, und Bestätigungsexperimente
    - Motivierende Wiederholung und Bekräftigen die gewonnene Erkenntnis
    - → Resultat ist bereits bekannt
    - Art Lernkontrolle
  - o **Hausaufgabe:**
    - Vorbereitung für vertiefende Weiterführung des U
    - Muss ungefährlich sein (!)

→ Experiment ist abstrakt; Rückbezug auf die geographische Wirklichkeit muss in Form von anschaulichen Medien erfolgen

7.14.5 Methodische Planung des Experimenteinsatzes

- Bei der methodischen Planung muss der L beachten:
  - o **Auswahl des Experiments:**
    - Hilfsmittel müssen einfach und leicht zu handhaben sein
    - Das Experiment sollte mit wenigen Hilfsmitteln durchzuführen sein
    - Experiment sollte nicht zu lange dauern
    - Adressatengemäß: nicht zu hohes/niedriges Niveau
    - Soll zeichnerisch nachvollziehbar sein (schriftliche Fixierung!)
  - o **Bei der methodischen Planung:**
    - Versuchsbeschreibungen müssen kurz, prägnant und nachvollziehbar sein
    - Welche Sozialform? Sitzform?
    - Genau Arbeits- und Beobachtungsaufträge vom L
    - Teilziele müssen nach der Auswahl des Experiments bestimmt werden
    - Mögliche Hilfe von anderen Ls

- o **Vor dem konkreten Einsatz:**
  - Experiment muss vorher durchgeführt worden sein
  - Aufbauen vor dem UR bei großen Experimenten
  - Verfügbarkeit von Materialien
  - Aufsichtspflicht für Experimente außerhalb des Klassenzimmers
- o **Während des Einsatzes:**
  - Bei Schülerexperimenten: Haben alle ihre Materialien dabei? → L ist im Hintergrund (nur Berater)
  - Bei Demonstrationsexperimenten: Sehen alle gut?
  - Bei Misslingen → Wiederholung
  - Fragen während des Experiments sollen besprochen werden
- o **Bei der Nachbereitung:**
  - Reflexion (was war gut/schlecht?, Ziel erfüllt? Sozialform gut?)
  - Verbesserungsvorschläge

7.14.6 Verlaufsphasen des Experimenteinsatzes

- **5 Organisationsphasen:**
  - o **Einführungs- und Vorbereitungsphase:**
    - Heranführung der S an die Thematik (Problemstellung, Hypothesenbildung, Lösungsmöglichkeiten)
    - Experimentelle Lösungsmöglichkeiten
  - o **Erläuterungsphase:**
    - S den Transfer zwischen Wirklichkeit und Versuch deutlich machen → Was wird dargestellt? Wie veranschaulicht? Worauf ist besonders zu achten?
  - o **Experimentierphase:**
    - Gezielt Arbeitsaufträge lenken Selbsttätigkeit und das Beobachten der S
    - Bei schwierigen Experimenten ist eine Zerlegung in Versuchsabschnitte möglich (nach jedem Abschnitt erfolgt eine Zwischenbeschreibung, -sicherung)
    - Wiederholung ist notwendig bei unklarem Ergebnis oder wenn die SS das Experiment nicht verstanden haben oder jede Gruppe tätig werden soll (Problem: Zeitaufwand)
  - o **Auswertungs- und Ergebnisphase:**
    - Beschreibung und Erklärung der gewonnen Beobachtungen/Messungen
    - Rückbeziehung auf die Anfangshypothesen
    - Abstraktion und Verallgemeinerung zu allgemeinen Begriffen, Zusammenhängen und Gesetzen
    - Beurteilung des Versuchs
  - o **Transferphase:**
    - Übertragen der Ergebnisse auf die geographische Wirklichkeit
  - o **Sicherungs- und Vertiefungsphase:**
    - Ergebnisse werden mündlich wiederholt und schriftlich festgehalten (Versuchsprotokoll)

<u>7.14.7 Probleme beim Einsatz von Experimenten</u>

- Probleme (Auswahl!):
    o Technisch anspruchsvolle Geräte sind sehr teuer
    o Hohe Arbeits- und Zeitaufwand für L (Informationssammlung, praktische Umsetzung)
    o Oftmals Fachraum nötig, den es an der Schule nicht gibt
    o Hoher Materialaufwand ist nicht motivations- und einsatzfördernd

<u>7.15 Methodenwechsel im Geographieunterricht</u>

- **Definition Methodenwechsel:**
  Berücksichtigung verschiedener Unterrichtsmethoden wie verschiedene Grundformen und Großformen im Unterricht. Methodenwechsel der Großformen findet langfristig in einer oder mehreren Unterrichtsreihen statt.
- Methodenwechsel ist ein wichtiger Einflussfaktor für die Optimierung des Lernerfolgs
- **Vorteile:**
    o Umstrukturierung des Lernfeldes
    o Zusätzliche Motivationswirkung
    o Durch Auflockerung wird physischer und psychischer Erholungseffekt ermöglicht
    o Abbau von Lernbarrieren wird ermöglicht
    o Methodenwechsel korreliert positiv mit der Lernleistung der SS
- **Nachteile:**
    o Häufiger Wechsel kann Unruhe in das unterrichtliche Geschehen bringen
    o Verunsicherung der SS
    o Störungen im Lernprozess
    o Oberflächlichkeit in der geistigen Auseinandersetzung
- Alle Unterrichtsmethoden haben Vor- und Nachteil, welche über einen Wechsel der Unterrichtsmethoden ausgeglichen werden müssen
    → **Methodenpluralismus**
- Die Entscheidung für oder gegen eine Methode ist von der Lerngruppe abhängig

8 Medien im Geographieunterricht

<u>8.1 Didaktische Modelle und Medieneinsatz im Geographieunterricht</u>

- **Bildungstheoretische Didaktik:** vorrangig Interesse an Begründung und Auswahl von Bildungsinhalten → Ausblendung der Bedeutung von Medien und Methoden
- **Lehr-/lerntheoretische Didaktik:** Medien als eigenständiges Entscheidungsfeld in enger Korrelation mit Intentionen/Zielen – Themen/Inhalten – Methoden/Unterrichtsverfahren
- **Lernzielorientierter Ansatz:** neben Unterrichtsmethoden auch Unterrichtsmedien auswählen, mit deren Hilfe der S die gestellten Ziele optimal erreichen kann
- **Kybernetisch-informationstheoretische Didaktik:** Strategieplanung im Zentrum; Lernen als Informationsaufnahme → braucht Träger von Informationen → Medienplanung → Medien als „Zeichen oder Zeichensysteme zur Codierung von Nachrichten" *(v. Cube)* → „curriculare Medien" (Teilstücke einer codierten Lehrstrategie; werfen besondere Probleme auf, die nicht unbedingt der Intention des L entsprechen)
- **Kritisch-kommunikative Didaktik:** Kritik an allzu mächtigem und unkontrollierbarem Potential der Medien v. a. im Unterricht
- **Konstruktivistische Didaktik:** Wert auf Gestaltung der Lernumgebung; Medien als Basis selbst zu entwickelnder Problemlösungen

<u>8.2 Definition und Klassifikation</u>

- **Medien** sind Träger von subjektiv ausgewählten und gespeicherten Informationen. Im unterrichtlichen Lernprozess haben sie eine Mittlerfunktion zwischen der Wirklichkeit und dem Adressaten/Lernenden *(Rinschede; Stonjek)*
- **Massenmedien** erreichen mit Hilfe technischer Apparaturen über den Prozess der Massenkommunikation eine große Anzahl von Adressaten
- **Klassifikation**: Absicht, zumindest alle gebräuchlichen Unterrichtsmedien zu beschreiben und zu ordnen; festgesetzte Einteilungskriterien
  - **Einteilung nach**:
    - „Software": Medien im engeren Sinn: Repräsentationsformen der geographischen Wirklichkeit (Bild, Film, Karte, Texte)
    - „Hardware": Medienträger: Darbietungsformen (Präsentatoren) der Medien (Bild als Dia, Folie…) technische Geräte: eigtl. keine Medien (OHP, TV, Computer)
  - **Einteilung nach Komplexität und Technisierungsgrad**:
    - Personen als Unterrichtsmedien
    - Nicht-personale Medien: vortechnisch technisch: auditiv, visuell, audiovisuell
  - **Einteilung nach dem Abstraktionsgrad der Darstellungsebene:**
    - Objektale Medien: Medien, die als Objekte vorliegen (Gesteine, Modelle)
    - Ikonische Medien: Medien, die optische und/oder akustische Informationen vermitteln (Bilder, Filme)
    - Symbolische Medien: Medien mit Symbolcharakter (Karte, Diagramm)
  - **Einteilung nach didaktischem Einsatzort:** auch wenn prinzipiell jedes Medium seiner Funktion entsprechend in jeder Phase eingesetzt werden kann
    - Motivationsmedien: Aufmerksamkeit und Interesse wecken, i. d. R. zu Beginn (originale Gegenstände, bildliche Problemdarstellungen)
    - Erarbeitungs- und Darbietungsmedien: spezielle Arbeitsmittel, die viele Informationen vermitteln und erklären (Karte, Bild, Modell, Statistik)
    - Sicherungs- und Übungsmedien: Gelerntes durch Übung sichern und verfestigen (Schemazeichnung, Arbeitsblatt, Schulbuch)
    - Transfermedien: die an einem räumlichen Beispiel gewonnenen Erkenntnisse auf andere Beispiele übertragen (physische/thematische Karten)
    - Kontrollmedien: Prüfung, ob und in welchem Maß das angestrebte Unterrichtsziel erreicht wurde (Lückentext, stumme Karte)

<u>8.3 Ziele und Funktionen des Medieneinsatzes</u>

- **Vermittlung von Informationen**: direkte Begegnung mit der Wirklichkeit wird durch Repräsentation durch Medien gezielt herbeigeführt; Hervorhebung nicht direkt wahrnehmbarer räumlicher Strukturen, Funktionen und Prozesse; inhaltliche Unvollständigkeit durch didaktische Reduktion; kognitive Lernziele → Sachkompetenz
- **Vermittlung von methodischen Fähigkeiten und Fertigkeiten**: geographische Arbeitsweisen: Codierung (Informationsdarstellung) und Decodierung (Interpretation); instrumentale Lernziele → Methodenkompetenz
- **Förderung von Kommunikationsprozessen**: gut sind v. a. Medien, die zu Problemstellungen, Hypothesenbildungen, Stellungnahmen auffordern; soziale Lernziele → Sozialkompetenz
- **Förderung von Einstellungen und Haltungen**: schülerorientierte Informationen, mit denen sich S identifizieren kann; affektive Lernziele → Moralkompetenz
- **Freisetzung von Handlungsmöglichkeiten**: über unterrichtlichen Lernprozess hinausgreifendes ziel- und wertbestimmtes Tun (Projekt, Aktion); S für Wahrnehmung medialer Ausdrucks- und Darstellungsformen sensibilisieren; „aktionale" Lernziele → Handlungskompetenz (Verhaltenskompetenz)

→ i. d. R. können alle Medien alle Zielebenen in sich vereinen, allerdings mit unterschiedlicher Gewichtung, je nach Einsatz im Unterricht

<u>8.4 Auswahlkriterien für den Medieneinsatz</u>

Auswahlkriterien für Medien sind von Fall zu Fall in unterschiedlicher Kombination und Gewichtung von Bedeutung!

- **Zielorientierung**: Erfassen von Inhalten, Fragestellungen und Problemen, die zum Verständnis und zur Meisterung gegenwärtiger und zukünftiger Lebenssituationen qualifizieren → Raumverhaltenskompetenz vermitteln; Lehrplanbezug, (Teil-)Ziele der Stunde, Aktualitätsprinzip wichtig → Methodenkompetenz wichtiger als Sachkompetenz!
- **Inhaltsorientierung**: dem aktuellen Stand der Wissenschaft entsprechen, exemplarische Inhalte; Verständlichkeit (wenn nicht: Vorinformationen, Erläuterungen, Ergänzungen)
- **Formalstruktur**: Medien müssen sich an geographische Inhalte anpassen
  - o Äußere Erscheinungsform, physiognomische Aspekte eines Inhalts -> Foto, Karte
  - o Beziehungsstrukturen (funktional, kausal) -> thematische Karte, Kartogramm
  - o Zeitliche Entwicklungen, Abläufe (historisch-genetisch, prozessual, prognostisch, planerisch) -> Kurvendiagramm, Bildreihe, thematische Karte
- **Perspektive**: Medien sind subjektiv = Monoperspektivität (Auswahl von Daten…) -> kritisch betrachten! Multiperspektivität: wichtiger mediendidaktischer Grundsatz
- **Medienadäquanz**: mediengerechte Wiedergabe der Inhalte: visuell-statische Inhalte -> Foto, Profil; visuell-dynamische Inhalte -> Film, Bildreihe
- **Adressatengemäßheit**: Lernstand, Lerntypen, Interessen, Aktualität berücksichtigen → verständlich, durchschaubar, klar gegliedert
- **Sozialisationsfunktion**: Fragen aufwerfen, Diskussion anregen, Argumentationshilfen, Kommunikation in Partner-/Gruppenarbeit, selbstständiges Arbeiten ermöglichen
- **Ausrichtung an den methodischen Prinzipien der**
  - o **Anschaulichkeit**: Anschaulich → Abstrakt, Einfach → Komplex
  - o **Selbsttätigkeit**: muss Funktionen des L erfüllen -> inhaltlich/ formell verständliche Aussagen, logischer Aufbau, klare formale Strukturierung, Anschaulichkeit
- **Didaktischer Einsatzort:**
  - o Einstieg/Motivation/Problemstellung: Interesse wecken, zu Problem hinführen; Motivations-, Aufforderungscharakter (Karikatur, Rätsel, Witz)
  - o Lokalisation: i. d. R. Karte (Wand, Atlas)
  - o Hypothesenbildung, Lösungsstrategien: vgl. Einstiegsphase (Interviewtexte)
  - o Erarbeitungsphase: Informationen anbieten -> Einsichten, Lernergebnisse
  - o Sicherungsphase: v. a. Merkbilder, Merktexte, Schemazeichnungen
  - o Anwendungsphase: räumlicher Transfer (Karten, Fotos, Berichte der S); Transfer auf Verhaltensweisen (Plakate, Zeitungsartikel)
  - o Kontrollphase: mündlich: vorher eingesetzte Medien; schriftlich: Testbogen mit Lückentext, stummer Karte, Tabelle…
  - o Leitmedien: dominierende Medien (Unterrichtsfilme, thematische Karten) → zu Beginn der Erarbeitungsphase: zusammenfassende Informationen, innerhalb der Teilziele durch weitere Medien ergänzbar
- **Organisatorische Probleme und sonstige Voraussetzungen**: technische und formale Kriterien (adäquater Ausschnitt bei Bildern, grafische Gestaltung bei Zeichnungen); organisatorisch: Vorbereitungszeit des L, materieller/finanzieller Aufwand, Aufbereitung der Materialien, Aufwand an Unterrichtszeit, evtl. Raumwechsel, technische Voraussetzungen, Sitzordnung, Klassen-/Gruppengröße

<u>8.5 Personale Medien</u>

- Lehrer: Körper als Lehrmittel
- V. a. schulfremde Experten (Informationen aus erster Hand)
  - o Vertreter eines best. Berufsstandes: Auskunft über ihr Wirken
  - o Fachleute: besondere Kenntnisse bzgl. Unterrichtsgegenstandes
  - o Unterrichtsort: an Schule (zeitliche Grenzen), an Tätigkeitsbereich
  - o Intensive Vorbereitung mit Fachmann (Abgrenzung des Themenbereichs, altersspezifische Strukturierung) und mit S nötig
  - o Nachbereitung im Unterricht

8.6 Originale Gegenstände

- Objekte, die zur Erarbeitung erdkundlicher Fragestellungen in den Klassenraum gebracht werden
- Gruppierung nach:
  - Angesprochenen Sinnen: direkte Beobachtung (Konserve: Fleisch aus Argentinien), Fühlen (Blätter, Erz), Riechen (Tabak), Schmecken (Datteln, Oliven)
    → je mehr Sinne angesprochen werden, desto besser ist Gedächtnisleistung
  - Gegenständen mit direktem oder indirektem (symbolisch: Konserve für Export) Themenbezug
  - Gegenständen, die versch. allgemeingeographischen Bereichen zuzuordnen sind
  - Gegenständen mit untersch. Verwendungszweck (Demonstrationsobjekt (für L), Unterrichtsobjekt (für S))
- Einsatzmöglichkeiten: v. a. Primarstufe, Sekundarstufe I, da danach formal-abstrakte Phase bei S
- Didaktische Orte: Einstiegsphase (Demonstrationsobjekt), Erarbeitungsphase (Untersuchungsobjekt)

8.7 Dreidimensionale Modelle

- Gegenständliche Modelle der geographischen Wirklichkeit, und zwar eines Erdausschnitts, der gesamten Erde oder des Planetensystems → Verkleinerungsmaßstab, Vereinfachung, Veränderbar
  → Erdausschnittmodelle: Anschauungs-, Strukturmodelle (Talformen, Kliffküste, z. B. bemaltes Styropor); Funktionsmodelle (Schiffsschleuse, artesischer Brunnen); Arbeitsmodelle (Flussbegradigung, aus Einzelteilen zusammengesetzt -> manipulierbar); Planungsmodelle (neue Siedlung,); Versuchsmodelle (Bodenerosion)
- Besonders im Medienverbund wirkungsvoll
- Didaktischer Ort: Erarbeitungsphase, Schlussphase (v. a. Planungsmodell)
- **Sandkasten**: Erdausschnitt; Medienträger; Unterscheidung nach
  - Größe und Arbeitsform: Klassen-, Gruppensandkasten, v. a. Grundschule
  - Verwendetem Füllmaterial: Quarzsand, Xyloform (= leichtes, ölgetränktes Sägemehl)
  - Einführung in Kartenverständnis/Grundrissdarstellungen, Profil-/Blockbild
- **Globus**: als Bestandteil anderer Modelle (Tellurium, Planetarium, Lunarium); als Einzelmedium Unterscheidung nach
  - Grundsätzlicher Modellanordnung: armierter vs. freibeweglicher Rollglobus
  - Inhaltlicher Ausgestaltung: Induktionsglobus („stumm") vs. thematischer Globus
  - unterrichtliche Verwendung: Demonstrationsglobus vs. Schülerglobus vs. Arbeitsglobus (z. B. Haftglobus: Zusammensetzen der Regionen der Erde)
- → unterrichtliche Sachverhalte: Kugelgestalt, Rotation der Erde; Grobstrukturierung der Erdoberfläche, Flächenvergleich; Feststellung von Entfernungen; Beschreibung der absoluten Lage; Feststellung von Himmelsrichtungen, Tageszeiten, Zeitzonen
- **Tellurium**: Stellung von Erde, Mond und Sonne und die Bewegungsabläufe
  - Darstellungsmöglichkeiten: Rotation der Erde um eigene Achse (Tag, Nacht); Bewegungen des Mondes um Erde (Mondphasen); Bewegung von Erde und Mond um Sonne (Jahreszeiten, Tag-/Nachtgleiche, Polartag/-nacht); scheinbare Wanderung der Sonne zwischen Wendekreisen; Entstehung von Sonnen- und Mondfinsternis; ursächliche Wirkung der Schrägstellung der Erdachse
  - Problem: Entfernungsdimensionen entsprechen nicht der Wirklichkeit
- **Planetarium**: „Weltraumkugel"
  - Demonstrationsmöglichkeiten: Nachthimmel zu jedem Zeitpunkt; Umlauf der Erde um Sonne (Jahreszeiten); Drehung der Erde um eigene Achse; Umlauf des Mondes um Erde; Richtung der Erdachse zum Polarstern
  - Problem: hohe Kosten → daher: Computersimulationen

<u>8.8 Bilder (Fotos)</u>

Klassifikation nach Aufnahmestandort:

- **Bodenaufnahmen** (= terrestrische Bilder, Standbilder):
  - o Ziele/Funktionen: nahezu in allen Bereichen gut einsetzbar
    - v. a. Informationsvermittlung (Ausschnitt aus visuell wahrnehmbarer Realität, Augenblicksmoment der Wirklichkeit, subjektiver Ausschnitt der Wirklichkeit, authentische Infos über tatsächlich vorhandene Wirklichkeit [Zeitdokument])
    - methodische Fähigkeiten und Fertigkeiten anwenden können
    - Förderung von Kommunikationsprozessen (Problem-/Fragestellung)
    - Förderung von Einstellungen, Haltungen (v. a. bei Darstellung von Personen, mit denen sich S identifizieren kann)
    - Handlungsabläufe in Gang setzen (z. B. Auswertungs-, Anwendungsphase eines Projektes)
  - o Auswahlkriterien:
    - Ziel-, Inhaltsorientierung: anschaulichen Ausschnitt der Erdoberfläche, Zusammenhänge und Beziehungen aufzeigen, Entwicklungsprozesse vermitteln, Menschen als Gestalter des Raumes präsentieren, Betrachter zu kompetentem Raumverhalten anregen
    - Formalstruktur: dem physiognomischen Aspekt geographischer Inhalte entsprechend → oft zu Anfang eines Medienverbundes und –dramaturgie eingesetzt
    - Perspektive/Subjektivität wichtig → Worin besteht Subjektivität der Bildaussage? Was wird gezeigt, was (bewusst oder unbewusst) nicht? Welche Ergänzungen sind im Unterricht notwendig?
    - Medienadäquanz: v. a. visuell-statisch; visuell-dynamisch (Bildreihen)
    - Adressatengemäßheit: junge S: Details wichtig; ältere S: Überblicksdarstellungen
    - Sozialisationsfunktion: v. a. durch Bilder auf Medienträgern → Diskussion
    - Anschaulichkeit: Einsatz auf induktivem Weg in ersten Phasen des Lernprozesses; Anschauungsmittel -> Interpretation -> Erkenntnisse
  - o Interpretation von Bildern:
    - Beobachten: mind. 15-30sec Stille (je nach Komplexität) → Brainstorming
    - Benennen: alle Einzelheiten zu benennen → Titel des Gesamtbildes
    - Aufzählen: Zusammen mit Benennen werden Dinge aufgezählt durch Nennen von Häufigkeiten, Mengen, Größen
    - Beschreiben: unmittelbar erkennbare Sachverhalte (Eigenschaften, Farben, Gruppierungen…) erkennen und beschreiben
    - Vergleichen und Ordnen: Fragen, Deutungen, Erklärungsversuche von Unterschieden und Zusammenhängen → Ordnen der Bildbestandteile
    - Verorten: Indikatoren des Bildinhaltes helfen den Standort zu begründen
    - Erklären (Deuten): Erfassen räumlicher, formaler, kausal-funktionaler, prozessualer Zusammenhänge
    - Ergänzen: zusätzliche Informationen erforderlich (durch andere Medien, L)
    - Bewerten: häufig am Anfang der Bildinterpretation; andere Schritte aber zu Differenzierung und Qualifizierung der Aussagen nötig
    - Wiederholen, Prüfen: Bildinterpretation von Betrachter wiederholt und reflektiert; Festhalten der Ergebnisse evtl. in anderem Medium
  - o Einsatzort im Unterricht:
    - Einstiegsphase: genetisches Lernen: bekannte + unbekannte Elemente im Bild; Einführung in Thema und zentrale Aspekte → Leitfragen und Lernziele erkennbar (nur bei strukturierten Bildern); problematisierender Einstieg (Kontrastbilder mit räumlichen, zeitlichen, inhaltlichen Gegensätzen)
    - Erarbeitungsphase: Übersicht über Gesamtsituation oder Teilbereiche der Unterrichtseinheit; Informationen zur Problemlösung geben
    - Sicherungsphase: mit Bildern können Ergebnisse wiederholt werden

- Transferphase: an einem Raumbeispiel gewonnene Erkenntnisse können anhand von Bildern auf andere Regionen übertragen werden → allgemeine geographische Gesetzmäßigkeiten, globale Vernetzungen
  - Darbietungsformen:
    - Lichtbild:
      - Dia: großflächige Wiedergabe, keine Verzerrungen am Bildrand, intensivere Wirkung, durch Raumverdunklung wird Betrachter weniger abgelenkt, Parallelprojektionen möglich
      - Folie/Transparent: S werden direkt ohne Zeitverzögerung angesprochen, Arbeit in Helligkeit, geringer Vorbereitungsaufwand, längeres begleitendes Unterrichtsgespräch möglich, Kreativität möglich (zerschneiden, anmalen, strukturieren)
      - digitalisierte Präsentation: auch Bilder aus Zeitschriften/Büchern gut verwendbar, Internet, hohes Maß an Aktualität → Motivation, bearbeitbar, veränderbar
    - Wandbild auf Poster, Plakat oder Schautafel: Einsatz an keine technischen Voraussetzungen gebunden, über längeren Zeitraum in Klasse präsent
    - Handbild: müssen in genügender Zahl zur Verfügung stehen, wenn möglich nicht nur herumreichen
    - Schulbuchbild: keine Geräte nötig, unveränderte Lernsituation in Klasse, jeder S hat Bild vor sich, Betrachtung zu Hause möglich, Kombination mit anderen Medien im Buch möglich, alle Sozialformen möglich, schülerbezogene Aktionsformen; aber keine „Zeige"-Kommunikation, sondern nur sprachlich; Bildunterschrift verhindert unvoreingenommene Interpretation
- **Luftaufnahmen** (=Luftbilder): aus max. 30 km Höhe; Unterscheidung nach
  - Art der elektromagnetischen Strahlung, die das Aufnahmegerät erfasst: sichtbare Realität (Farb-, Schwarzweißbilder), nicht sichtbare Realität (Infrarot-, Mikrowellen-, Thermalinfrarotbilder)
  - Aufnahmewinkel: Schrägluftbilder (v. a. für dreidimensionale Formen und Strukturen, z. B. Stadtstrukturen, Landschaftsformen), Senkrechtluftbilder
  - Darbietungsformen: Handbilder, Schulbuchbilder, Folien-/ Transparentbilder, digitalisierte Bilder

→Adressatengemäßheit: abstraktere Senkrechtluftbilder für jüngere S schwieriger zu erfassen → Abfolge von Bodenaufnahme über Senkrechtluftbild zu Karte
- **Satellitenaufnahmen** (=Satellitenbilder): Senkrechtaufnahme de Erdoberfläche
  - Klassifikation nach technischen Bildeigenschaften:
    - Bodenauflösung
    - Spektrale Auflösung (sichtbar, nicht sichtbar)
    - Aufnahmezeitpunkt (monotemporal, multitemporal)
    - Größe des erfassten Erdausschnitts
    - Farbwahl (Echtfarben, Falschfarben)
    - Angebot der Bildinformation (analog, digital)
  - Schrittfolge für den Einsatz im Unterricht:
    - Vorbereitende Auswertung: Bildorientierung, Lokalisierung, Feststellung der Bildart, der Größenverhältnisse, des Aufnahmezeitpunkts
    - Systematische Auswertung: Beschreibung der Grobgliederung, Identifikation der Feinstrukturen, Interpretation und Beurteilung des Bildgehaltes
    - Darstellung der Auswertungsergebnisse: Verbalisierung (z. B. Referat), thematische Kartenskizzen, Schautafeln mit Auswertungstexten
  - Satellitenbildklassifikation:
    - Übersichtsbild: zeigt für Menschen sichtbare Strukturen an Erdoberfläche
    - Thematisches Bild: durch spezielle Aufnahme- und Bildverarbeitungstechniken ist Bildinformation thematisch reduziert
    - Besonders motivierendes Bild
    - Besonders anschauliches Bild

- Zeitreihen
    - Bildanwendungen am Computer
  - Einordnung in Strukturschema des Unterrichts:
    - Hoher didaktischer Komplexitätsgrad: erfordern hohen Zeitaufwand, Begleitmedien (v. a. Übersichtsbilder)
    - Geringer didaktischer Komplexitätsgrad: begrenzte Aussagekraft, leicht erschließbar, in verschiedenen Unterrichtsphasen einsetzbar
  - Probleme der Anwendung: fehlerhafte Zuordnung von Bildarten/-eigenschaften und unterrichtlichen Entscheidungen (Altersgemäßheit, Zeitplanung etc.)
    - Mehrdeutigkeit von Bildinformationen
    - Keine Schrift, Signaturen, Symbole (aber: einfügbar)
    - Keine Generalisierung
    - Farbwahl entspricht nur bedingt der Realität

8.9 Grafische Medien

= zeichnerische Darstellungen der geographischen Wirklichkeit → aspekthafte, selektive, akzentuierte, schematisierte, gedanklich strukturierte Wiedergabe

- **Karikaturen**:
  - didaktische Eigenschaften:
    - Vertreten parteilichen Standpunkt, sind einseitig, provozieren → motivierende Reizfunktion
    - Reduzieren Komplexität eines schwierigen Sachverhalts
    - Fordern zu intensiver Auseinandersetzung heraus
    - Betonen das Charakteristische, lassen Nebensächliches weg
    - Sind anschaulich, erleichtern somit Zugang zu Problem
    - Tragen zur engagierten Meinungsbildung der S bei
  - Gefahr: Stereotype zu bestätigen, Vorurteile zu fördern, einfache Erklärungsmuster zu präferieren, Urteile auf Schwarz-Weiß-Gegensatz zu reduzieren
  - Eignung v. a. für kulturgeographische Fragestellungen der Wirtschafts-, Sozialgeographie
  - Didaktischer Ort: v. a. Einstiegsphase, da motivierend; auch alle anderen Phasen
  - Auswertung im Unterricht: Aussage, Adressaten, Intention, Wirkung, Karikaturist
  - Auch zur Leistungsmessung
- **Landschaftszeichnungen**: eine unter geographischen Gesichtspunkten erstellte zeichnerische Abbildung eines Ausschnittes der Erdoberfläche; verdeutlicht sichtbare landschaftliche Sachverhalte durch Strukturierung, Akzentuierung, Vereinfachung; durch Einsatz fotografischer Medien: Bedeutungsverlust
  - Einsatz: wo sie an Klarheit, Anschaulichkeit, Verdeutlichung wichtiger Elemente Fotos überlegen sind → Geländebeobachtung, Tafelbild, Folie, Überzeichnen und Strukturieren von Fotos auf Projektionsfläche, Funktion des Merkbildes
  - Erzieherischer Wert: Förderung selbstständiger Tätigkeit der S, Einübung feinmotorischer Fähigkeiten; Gefahr: GeoU als reine Zeichenstunde
- **Panoramabilder, -karten**: anschauliche, zeichnerische, nicht grundrissgetreue Darstellung eines Ausschnitts der Erdoberfläche in Schrägsicht von oben
  - Panoramabild: kleinerer Ausschnitt, wirklichkeitsnah
  - Panoramakarte: größere Landschaften, stark generalisiert
- **Blockbilder**: perspektivische Zeichnung eines Ausschnitts der Geosphäre; vereinigt Gelände-, Profilzeichnung
  - Geologisch-tektonisches Blockbild: z. B. Hebung, Senkung, Faltung
  - Morphologisches Blockbild: verschiedene Oberflächenformen
  - Landschaftsblockbild: naturlandschaftliche Gegebenheiten + Elemente der Kulturlandschaft
  - Didaktischer Ort: Erarbeitungsphase: Informationen werden vertieft, Interdependenzen zwischen verschiedenen Faktoren erklärt; Wiederholung, Sicherung; Hinführung zum besseren Kartenverständnis

- **Profile**: schematisierte Strichzeichnungen eines Vertikalschnitts durch einen Teil der Geosphäre
  - o Unterscheidung nach Darstellungsweise:
    - Höhenprofil: Darstellung des Reliefs, auf Verdeutlichung der Höhenverhältnisse beschränkt, i. d. R. überhöht
    - Kausalprofil: Relief + Beziehungen zwischen natur- und kulturgeographischen Faktoren (Vegetation, Klima, Landnutzung)
    - Synoptisches Profil: Kausalprofil + schematische Stichworttabelle
  - o Klassifikation nach abgebildetem Objektbereich:
    - Landschaftsprofil
    - Geologisches Profil: Lagerung, Schichtung der Gesteine in Erdkruste
    - Meteorologisches Profil: Schichtung und Lagerung in Atmosphäre, Troposphäre, Stratosphäre
    - Hydrologisches Profil: Schnitt durch Gewässer (Strömungen, Schichtungen, Zirkulation)
    - Bodenprofil: Bodenhorizonte in Bodentypen versch. Klimazonen
    - Vegetationsprofil
    - Kulturgeographisches Profil: z. B. Schnitt durch Wohn-, Industriegebiete
    - Technisches Profil: z. B. Schnitt durch Industrieanlage
  - o Adressatengemäßheit: einfache Profile ab 5. Klasse; Kausalprofil ab 7./8. Klasse lesen lassen; selbstständiges Zeichnen erfordert festgelegte Arbeitsschritte
  - o Didaktischer Ort: Erarbeitungs-, Sicherungsphase
- **Diagramme**: zeichnerische Veranschaulichung von quantifizierbaren Werten/Größen bzw. von Zusammenhängen
  - o Arten:
    - Figurendiagramme (= Signatur-, Bilddiagramme): Zahlenwerte durch Figuren unmittelbar im Größenverhältnis dargestellt
    - Säulen-, Balkendiagramme: rangmäßige, zeitliche Vergleiche; Sonderformen: Altersdiagramm (= Bevölkerungspyramide); Blockdiagramm (3-dimensional)
    - Liniendiagramme: Darstellung von variablen Zahlenwerten (Abläufe, Veränderungen, Prozesse, Entwicklungen): Polygon-, Kurvendiagramm
    - Zähldiagramme: geometrische, symbolische, naturalistische Zähleinheiten
    - Flächendiagramme: veranschaulichen flächenhafte Dimensionen; Sonderformen: Kreisdiagramm (= Kreissektorendiagramm; absolute [Veränderung des Durchmessers]und relative Werte [Sektoren]) -> Polardiagramm: rhythmische Erscheinungen der zeitlichen Dimension oder der Himmelsrichtungen dargestellt; Quadratdiagramm
    - Strahlendiagramme: durch Richtungspfeile: Bewegung und Menge von Größen, die von einem zu anderem Ort gelangen
    - Volumendiagramme (= Körperzeichendiagramm): Figurengrößen wachsen mit zunehmendem Inhalt
    - Korrelationsdiagramme: bestimmen Lage von Punkten in Koordinatensystem → Verdeutlichung von Abhängigkeitsbeziehungen; Sonderform: Dreiecksdiagramm
    - Kombinierte Diagramme: veranschaulichen komplexe Sachverhalte und Beziehungszusammenhänge (z. B. Klimadiagramm)
  - o Auswahlkriterien: v. a. Altersgemäßheit: erst mit zunehmenderem Alter in der Lage, komplexere Sachverhalte und Darstellungen zu begreifen; Zähl-, Säulen-, Balkendiagramme am einfachsten; Flächendiagramme ab 8. Klasse; Volumen-, Dreiecksdiagramme ab Sek. II
  - o Ersteinführung der Diagramme: enger Bezug zu konkreter Lebenssituation
  - o Arbeitsschritte: Problemstellung – Datenerhebung – Tabellierung der Daten - graphische Umsetzung – Analyse – Problemlösung – kritische Bewertung
  - o Didaktischer Ort: abhängig von Informationsgehalt; Einstieg eher nicht; dienen primär der Problemlösung und Beantwortung von Fragestellungen in Erarbeitung

- o Einsatz von Diagrammen:
    - Aufnehmen: Betrachten in Stillarbeit
    - Beschreiben: Verbalisierung
    - Analysieren: Vergleichen von Teilmengen, Erkennen von Zusammenhängen, Bewertung
    - Anwenden: Übertragen der Einsichten auf übergreifende Fragestellungen
  - o Problem: Manipulation, verfälschende Darstellung
- **Kartogramme**: Kombination von Karte und graphischer Darstellung → Verbundmedium
  - o Arten:
    - Säulen-, Kreis-, Kreissektoren-, Kurven-, Band-, Streifen-, Körperzeichenkartogramm
    - Punkt-, Signaturenkartogramm: statistische Größen durch gegenständliche Symbole dargestellt
    - Flächenkartogramm: zeigt räumliche Verteilung; schwer von thematischer Karte abzugrenzen
  - o Verwendung: erst sinnvoll, wenn Umgang mit entsprechenden Diagrammen und Karten gesichert ist; erst ab Sek. I
  - o Didaktischer Ort: Erarbeitungsphase: Erschließung von Strukturen und Zusammenhängen
  - o Auswertungsweg:
    - Aufnehmen und Beobachten
    - Analysieren: formale Beschreibung des Sachverhalts, Entnahme des Informationsgehaltes durch Vergleichen, Herausarbeitung des quantitativen Ordnungsmusters, Erklärung der Gefügeordnung
    - Anwenden und Übertragen
- **Merkbilder**: strukturierte Darstellung von merkenswerten unterrichtlichen Ergebnissen; übersichtliche und vereinfachte Abbildung geographischer Sachverhalte; graphische, textliche und/oder numerische Elemente; i. d. R. vom L entwickelt und vorgestellt und von S festgehalten; Medienträger: Tafel, Folie, Sicherungsblatt
  - o Formen:
    - Kartographische Skizze: horizontale Anordnung und Ausdehnung; Darstellung von Lagemerkmalen und -beziehungen
    - Profilskizze: Abbildung von Sachverhalten in ihrer horizontalen und vertikalen Anordnung entlang einer Linie
    - Diagrammskizze
    - Tabellarische Skizze: erfasst Sachverhalten in Zeilen und Spalten
    - Schemaskizze: abstrahierende Darstellung von Objekten, funktionalen Zusammenhängen und Abläufen
    - Kombiniertes Merkbild
  - o Ziel und Funktion des Einsatzes: Festhalten wesentlicher geographischer Inhalte und Zusammenhänge
  - o Didaktischer Ort: Erarbeitungs-, Sicherungsphase; Konstruktion erfolgt Schritt für Schritt; auf Informationen aus anderen Medien angewiesen

8.10 Wortmedien (Sprachmedien)

Am häufigsten eingesetztes Medium im GeoU; kein anderes Medium kommt ohne Hilfe des Wortmediums aus

- **Darbietungsform**:
  - o **Gesprochenes Wort**: Sprechakte des L, der S, eines Interviewpartners oder Vortragenden (Schulfunk, -fernsehen, Tonband, Film)
    - Sprechen in spontanen Situationen: L übernimmt eine best. Rolle -> erzählt so, als ob er selbst schon alles gesehen, beobachtet, erlebt hat
    - Sprechen in einer Vorlese-/Vortragssituation: Gliederung/Strukturvorlage begleitend; auch persönlicher Aspekt wichtig
    - Didaktischer Ort: Einstiegsphase (Schilderung/Erzählung); Erarbeitungsphase (erlebnisbetont + sachlich), v. a. in Kombination mit anderen Medi-

en; Sicherungsphase (sachlich, versch. Methoden, z. B. Rollenspiel); Anwendungsphase (Schilderung/Erzählung aus aktueller Lebenssituation der S)

- **Geschriebenes Wort**: v. a. sachliche Informationen, aus denen kognitive Erkenntnisse, affektive Bewertungen, Einstellungen, mögliche Verhaltensweise gewonnen werden können; kein literarischer oder ästhetischer Aspekt!
  - Rein schulische Texte = didaktische Texte: didaktisch konzipiert, konstruiert (Lerninhalt, Altersgemäßheit); v. a. Schulbuch, Lehrerhandbuch, Informationsblatt
    - Informative Texte, Sachtexte: Beschreibung, Bericht
    - Affektive Texte, Erlebnistexte: Schilderung, Erzählung
    - Appellative Texte, Arbeitstexte: Arbeitsanweisung, Aufgabe, Lückentext
    - Lexikalisch-kursorische Texte: Minilexikon, Merktext, Sachwortregister
  - Außerschulische Texte = Quellentexte: allgemein für andere Zwecke und Zielgruppen verfasst -> didaktisch selektiv übernommen; v. a. Zeitung, Zeitschrift, Broschüre, Quellensammlung
    → Arten von Quellentexten:
    - Pressetexte mit gewisser Aktualität: Naturkatastrophen, Umweltprobleme, ethnische Konflikte
    - Werbetexte/Informationsbroschüren: Freizeit, Tourismus
    - Selbstverfasste Schülertexte: Umfrageergebnisse, Projektbeschreibungen
    - Literarische Texte: Erzählung, Gedicht, Romanauszug

→ beispielhafte Behandlung von:
  - Erlebnis-, Sachtexte (= Schulbuchtexte): Ziel: kognitive Erkenntnisse vermitteln, affektive Bewertungen/Einstellungen fördern -> altersgemäß
    - Gütekriterien:
      - Überschrift: Hinweis auf Inhalt
      - Einleitung: motivierend, das Thema ansprechend
      - Überschaubare Gliederung
      - Korrekter Inhalt
      - Klare, verständliche Sprache
      - Zusammenfassung
    - Arbeitsschritte:
      - Planungsphase (Klassenverband): allg. Leitfragen, Erschließungsaufträge
      - Analysephase (Allein-, Partner , Gruppenarbeit): Lesen des Textes, Gliederung des Textes in Sinneinheiten, evtl. Einsatz zusätzlicher Medien, z. B. Atlas, Umwandlung in Strukturskizze, Festhalten der Ergebnisse
      - Auswertungsphase (Klassenverband): visuelle Präsentation der Ergebnisse, Verarbeitungsgespräch, Verknüpfen der Ergebnisse mit Unterrichtsthema und Leitfrage
      - Kritikphase (Klassenverband): Erkennen der Unvollständigkeit der Information, Beschaffen erforderlicher Zusatzinformationen, kritische Auseinandersetzung mit Wahrheitsgehalt der dargestellten Sachverhalte
    - Didaktischer Ort: alle Phasen (v. a. Erarbeitung)
  - Zeitung, Zeitschrift: zählen zu den am häufigsten im U genutzten Quellentexten (Informationen zu aktuellen, räumlich relevanten Problemen)
    - Unterscheidung textlicher Darstellungsformen: zunehmender Anteil persönlicher Meinung:
      - Nachricht

- o Korrespondenz-Bericht, erläuterte Nachricht
  - o Reportage
  - o Interview
  - o Leitartikel, Kommentar
  - o Glosse, Kritik, Leserbrief
  - • Möglichkeiten, mit Zeitungstexten im GeoU zu arbeiten: Orte/Regionen im Atlas suchen, Signalwörter markieren, Aussagen durch Infos aus Buch/Atlas/Lexikon überprüfen, Mitteilungen zu gleichem Thema vergleichen, Filterfunktionen von Redaktionen herausfinden, Mitteilungen zu Thema über längere Zeit sammeln und Entwicklungen aufzeigen, aus Anzeigen des Wohnungsmarktes bevorzugte/gemiedene Gegenden finden, Leserbrief schreiben
  - • Didaktischer Ort: alle Phasen
- **Stilform**:
  - o **Erlebnisbetonte Form**: persönliche Darstellungsweisen, die sich ans Gemüt wenden
    - ▪ Schilderung: anschauliche, treffende Darstellung der Einzelheiten; ähnlich einer Momentaufnahme (erfasst nicht Vergangenheit/Zukunft, keine genetischen Zusammenhänge)
    - ▪ Erzählung: ähnlich Schilderung; Mittel der Personifizierung und Dramatisierung, erweckt Gefühle der Betroffenheit/Anteilnahme; folgt zeitlichem Nacheinander
  - o **Sachliche Form**: kurz, knapp, nüchtern, Beschränkung auf das Wesentliche, Wenden an Verstand
    - ▪ Bericht: zusammenfassend, ordnend; zeitlicher Anfang und Ende, sachlich informierend
    - ▪ Beschreibung: geordnete, übersichtliche Informationen; erste Grobgliederung, dann wesentliche Momente des Ganzen, schließlich Einzelheiten
    - ▪ Erläuterung: Anreicherung einer Sache mit Hilfe neuer Vorstellungen
    - ▪ Erklärung: Darlegung der Voraussetzungen und Bedingungen, kausaler und funktionaler Beziehungen geographischer Phänomene
    - ▪ Interpretation: Beschreibung von Strukturen, Erklärung von Zusammenhängen
    - ▪ Protokoll: Darstellung von Ereignissen

8.11 Numerische Medien

- **Zahlen**: Arten:
  - o Absolute Zahlen: erleichtern als quantitative Maßstäbe das Verständnis vertrauter und unbekannter Räume (Bevölkerungszahlen, Wirtschaftsdaten)
  - o Relative Zahlen: mach durch Vergleich mit anderen Größen auf Zusammenhänge aufmerksam
    - ▪ Prozent-/Gliederungszahlen: stellen Zusammenhang zwischen Teilmenge und Gesamtmenge her
    - ▪ Beziehungszahlen: stellen Zusammenhang zwischen unterschiedlichen Größen her (BIP/Kopf, Ew/km^2)
    - ▪ Indexzahlen: nehmen Bezug zu Ausgangswert: best. Messwert = 100 → alle anderen Zahlen in Bezug dazu (112 -> Wert um 12% zugenommen)
    - ▪ Durchschnittszahlen: u. a. arithmetisches Mittel
    - ▪ Extremwerte
  - → Altersangemessenheit beachten (z. B. Prozent erst dann verwenden, wenn in Mathe bereits gelernt)
  - → didaktischer Ort: Erarbeitungsphase (Zahlen zur Lösung geograph. Probleme)
- **Tabellen**:
  - o Didaktische Ziele:
    - ▪ Dienen der Verdeutlichung

- Beleg für Hypothese/Behauptung
    - Zwingt immer wieder zum Vergleich, v. a. in tabellarischer Form der Zeitreihen
    - Können selbstständige Ordnung von zahlenmäßigen Informationen durch den Benutzer veranlassen
  - Gesellschaftliche Relevanz: höchst bedeutend
  - Didaktischer Ort: Erarbeitungsphase, auch Sicherungsphase (Zusammenfassung), Anwendungsphase (Vergleich mit anderen Regionen)
  - Arbeitsschritte:
    - Orientierung: Aufnehmen/Lesen der statistischen Daten bzgl. Inhalt, Bezugsraum, zeitl. Abgrenzung etc.
    - Beschreibung: Erkennen der Gliederung der Tabelle, Erfassen der auffälligsten Werte, Vergleich der Zahlen, evtl. Umsetzung in Diagramm, Erkennen der zentralen Aussage
    - Erklärung: Suche nach ursächlichen/funktionalen Zusammenhängen, Begründen durch natur-, wirtschaftsgeographische Gegebenheiten des Bezugsraums, Erkennen des Einflusses von historischen, gesellschaftliche, wirtschaftlichen, politischen Entwicklungen
    - Wertung: Feststellen der Aussagekraft, Repräsentativität der Aussage für Thematik, von Informationslücken, Verdacht auf Manipulation nachgehen
  - Manipulation: falscher Eindruck durch Relativzahlen (Angaben über Bevölkerungsdichte eines Landes mit unterschiedlicher Bevölkerungsverteilung); Durchschnittszahlen -> Informationsverlust

8.12 Kartographische Medien

- **Merkmale kartographischer Darstellungen**:
  - Ausschnitt der Erdoberfläche
  - Grundrissdarstellung
  - Maßstab (Verkleinerungsverhältnis)
  - Vereinfachung (Generalisierung)
  - Orientiertheit (Einordnung der Karte, Windrose)
  - Verebnung (Darstellung der 3. Dimension: Höhen, Kugeloberfläche)
- **Differenzierung nach Karteninhalt**:
  - Topographische Karte: bis Maßstab 1:200.000; enthält Geländeform, Gewässer, Vegetation, Siedlungen, Verkehrslinien und andere zur Orientierung notwendige Erscheinungen; dient der allgemeinen Orientierung
  - Physische Karte: bes. Form der topograph. Karte; Schwerpunkt: Darstellung des Reliefs, Wiedergabe des Gewässernetzes u. des topographischen Grundgerüstes
  - Thematische Karte: best. Thematik auf Basis eines reduzierten Kartengrundrisses
- **Besondere Kartenarten**:
  - Geographische Grundkarte: durch plastisches Relief, Vegetation, Bodennutzung und andere kulturgeographische Informationen gekennzeichnet
  - Stumme Karte: Umrisskarte, die stark reduzierte geograph. Informationen enthält
  - Reliefkarte: Darstellung des Reliefs mit angedeuteter Dreidimensionalität
- **Unterscheidung nach Darbietungsform**:
  - Wandkarte: gemeinsame Verständigung und Orientierung
  - Hand-, Einzelkarte
  - Atlaskarte
  - Schulbuchkarte: speziell für Unterrichtssituation hergestellt
  - Folienkarte: vgl. Wandkarte; als Aufbaufolie: schrittweiser Aufbau komplizierter Sachverhalte
  - Computerkarte
- Umgang mit Karte als wichtige Kulturtechnik (Wetterkarte, Stadtplan...)
- **Funktionen der Kartenarbeit**:
  - Vermittlung, Erarbeitung, Darstellung räumlicher Informationen

- o Aufbau eines topographischen Grobrasters durch Aneignung eines Lage-Bildes von der Welt und ihren Teilräumen
  - o Vermittlung von Kenntnissen über Karten & der Fähigkeit zum Umgang mit Karten
  → kritischer Vergleich verschiedener karten mit demselben Inhalt; bestehende mental maps der S „verbessern"; eurozentrische Vorstellungen bewusst machen und vermeiden
- **Kartenkompetenz**:
  - o Kartographische Grundlagen: Grundrissdarstellung, Generalisierung…
  - o Kartographische Gestaltungsmittel: Schrift, Signatur, Isorithmen…
  - o Kartographische Gestaltungsmethode: Regeln zum Sortieren/Gruppieren und Positionieren von Gestaltungsmitteln
- **Kartenarbeit auf 2 Ebenen**:
  - o Kartenlesen: verstehendes Aufnehmen der kartographisch codierten Wiedergabe der Wirklichkeit, gedankliche Umsetzung in entsprechende Raumvorstellung
  - o Karteninterpretation: gedanklich weiterführendes Ausdeuten des Karteninhalts hinsichtlich einer bestimmten Fragestellung
- **Didaktischer Ort**:
  - o Einstiegsphase: Lokalisation: phys. Karte (Wand-, Atlaskarte)
  - o Erarbeitungsphase: Information/Operation: thematische Karte (Atlas, Schulbuch)
  - o Sicherungsphase: Kognition: „stumme" Karte (Arbeitsblatt)
  - o Anwendungsphase: räuml. Transfer: phys. & themat. Karte (Wand-, Atlaskarte)
- **Einführung in das Kartenverständnis**:
  - o Ziele der Einführung in das Kartenverständnis: vgl. Merkmale von Karten
  - o Methodische Wege der Einführung in das Kartenverständnis:
    - **Synthetisches Verfahren**: die für das Verständnis von Karten notwendigen Einsichten und Erkenntnisse werden systematisch in kleinen, logisch aufeinander folgenden Einzelschritten aufgebaut und anschaulich und handlungsorientiert vermittelt
    → Grundriss des Klassenzimmers/Schulhauses -> Schulviertel, Ausschnitt aus Ortsplan -> Dorf/Stadt -> Dorf/Stadt und nähere Umgebung/Kreis
    → Vorgehensweise: Erkundung des entsprechenden Raumes -> Darstellung im Sandkasten oder 3-dimensionalen Modell -> Übertragung des Raumausschnittes des Modells durch orthogonale Projektion in eine planimetrische Darstellung auf einer Fläche (Probleme: Umsetzung des Reliefs, Generalisierung, Wiedergabe der Erscheinungsformen in Symbolen, Flächen, Farben); als Zwischenstufen: Schrägluftbild, Senkrechtluftbild…
    → entspricht dem Prinzip der Realbegegnung & Prinzip der Anschauung
    - **Analytisches Verfahren**: von der Karte zur Wirklichkeit; kein fester Stufengang; Voraussetzung: vorhandene Informationen, gewisses Verständnis der S → selbstständige Analyse ermöglicht; Vorteil: praktische Orientierung mit der Karte (≠ synthetisch)
    - **Genetisches Verfahren**: von erlebter Wirklichkeit ausgehend, mehr Wert auf kindliches Raumerlebnis/-darstellung → eigenständige Anfertigung von kartenähnlichen Darstellungen → untersch. Ergebnisse: Notwendigkeit der Konvention über Elemente einer Kartenerstellung ersichtlich
    - **Methodenkombinierendes/-integrierendes Verfahren**: Vorteile aller drei Verfahren kombinieren
    → z. B. Wanderung durch Stadt mit komplexem Plan: Schwierigkeit in Orientierung/Interpretation → Erkundungsgang in Vogelperspektive: Kinderzeichnung, Modell des Raumes → weitere Auseinandersetzung m. Karte
    - **Medienintensives Verfahren**: Einsatz zahlreicher Medien, z. B. Erdbilder, Schrägluftbilder, Zeichnungen, Bildkarten, Panoramabilder, Modelle…
    → durch auf unterschiedlichen Ebenen und Perspektiven dargestellte Wirklichkeit ist geistige Durchdringung von Karte und Wirklichkeit gewährleistet

<u>8.13 Filme</u>

- **Unterrichtsfilm**: geeignet für Darstellung prozesshafter räumlicher Sachverhalte
  - Unterscheidung nach Zielgruppe:
    - Unterrichtsfilm: speziell für U produziert
    - Sonstige Filme: für Öffentlichkeit produziert, zumindest in Ausschnitten im U einsetzbar, falls didaktische Relevanz gegeben
  - Unterscheidung von Unterrichtsfilmen nach formalen Kriterien (Technologie)
    - 16 mm – Filme: 60er Jahre; Laufzeit: > 15 min
    - Super-8-Filme: 70er Jahre; Laufzeit: 3-10 min
    - Videofilme: seit Anfang 90er Jahre zur Reduktion der Filmkosten und Erleichterung des Projizierens für L
    - Filmsequenzen auf DVD und im Internet
  - Unterscheidung nach Darstellungsweise:
    - Realfilme (schwarz-weiß, farbig)
    - Trickfilme mit zeichnerischen und graphischen Aufnahmen
  - Unterscheidung nach Inhalten und Intentionen:
    - Motivationsfilme: Zeigen nur Probleme auf -> Betroffenheit wecken; selten
    - Erarbeitungsfilme: Dokumentations-, Demonstrations-, Beobachtungs-, exemplarischer, thematischer Film: zur Informationsgewinnung, -verarbeitung
    - Sicherungs-, Transferfilme: Gesamtschau des Unterrichtsthemas; nicht als Veranschaulichung der vorher abstrakt erarbeiteten Informationen!
  - Vorteile und positive Wirkungen:
    - Hohe Wirklichkeitstreue, -nähe
    - Dynamische Darstellung von Prozessen
    - Höhere Anschaulichkeit und Motivation
    - Bessere Einprägsamkeit durch visuelle und auditive Koppelung
    - Beliebige Reproduzierbarkeit der im Film dargestellten Abläufe
  - Nachteile:
    - Fülle von Details, Folge: verschwommener Eindruck
    - Schnelligkeit des Gezeigten
    - Festgelegte Länge der Filme
    - Fertigprodukt ohne Einflussmöglichkeit für L
    - Fremdproduktion und –bestimmung der Inhalte, Methoden, Ziele
    - Subjektiv gefärbte Darstellung von Inhalten
    - Nur eingeschränkte Möglichkeit der Darstellung geographischer Prozesse und räumlicher Zusammenhänge
  - Forderungen an die optimale Filmgestaltung
    - Anthropozentrischer Aufbau: Gestaltung im Horizont der S: Bezug zum menschlichen Leben bzw. Lebensweisen und motivierende Problemstellung am Anfang
    - Kommentargestaltung: Lenkung der Aufmerksamkeit, Aktivierung der Selbsttätigkeit, Bereitstellung von Zusatzinformationen zum Bild, Erfassung und Vermittlung von im Bild nicht eingesetzten Inhalten
    - Länge des Films/Transparenz im inhaltlichen Aufbau: Beschränkung auf Wesentliches; klare, nachvollziehbare Sachgliederung mit Lernzielbezogenheit; Filmlänge max. 15 min; Ermöglichen von Transfer
    - Prozessorientierung: ausgehend von Ergebnissen und derzeitigen Stadien eines Prozesses sollen Zwischenstadien dargestellt werden
  - Auswahlkriterien für erfolgreichen Filmeinsatz:
    - Überprüfung in didaktischer Hinsicht: Aufbereitung des Films (Hinführung zum Thema, Schülerhorizont, Stufengemäßheit, Steuerung der Informationsaufnahme, Kommentargestaltung), Strukturierung (inhaltlicher Zusammenhang, Tempo, Intensität der Vermittlung), Funktion (Vermittlung, interpretierende Darstellung der Wirklichkeit, Übernahme von Lehrfunktion, entsprechender Einsatz an möglichen didaktischen Orten)

- Überprüfung in fachlich-inhaltlicher Hinsicht: fachgeographische Ebene (allgemeingeographischer, landschaftskundlicher, länderkundlicher Schwerpunkt), Inhaltskomplexität (Darstellung des Einzelphänomens, Verknüpfung mehrerer Phänomene)
        - Überprüfung in filmisch-formaler Hinsicht: Dokumentation, Reportage...
    o Didaktischer Ort: Erarbeitungsphase: mit dem Film arbeiten, nicht passiv rezipieren → Auswertungsweg
        - Vorbereitung des Filmeinsatzes: Beobachtungsaufgaben/Arbeitsaufträge, Einteilung in Gruppen
        - Filmvorführung, -betrachtung: Informationsaufnahme (Betrachtung des Films), Informationsverarbeitung durch einzelne S, Informationssicherung (evtl. schriftliche Fixierung der Ergebnisse)
        - Besinnung/Relaxation: spontane, freie Äußerung (Gefühl, Eindruck, Kritik)
        - Ergebnissicherung, Strukturierung: Erledigen der Arbeitsaufträge, Strukturierung der Ergebnisse, Vergleich mit Zielsetzung
        - Vertiefung: Abgleich mit weiteren Medien
        - Transfer
- **Fernsehen:**
    o „normale" Fernsehsendungen: Prinzip der Anschauung und der Aktualität; Vorteil: Schnelligkeit der Informationsvermittlung (zeitnah)
      → Aufgabe des GeoU: die durch das Fernsehen vermittelten Informationen abfragen, klären, systematisieren, für schulische Lernprozesse nutzbar machen; Klischees korrigieren
      → Einsatz im Unterricht: Hinweise des L auf relevante Sendungen -> Vertiefung im U (nochmalige Vorführung wichtiger Passagen)
      → didaktisch-methodische Vorarbeit durch L unbedingt notwendig
    o Schulfernsehen: nach didaktischen Gesichtspunkten konzipiert; umfangreiche L-S-Begleitmaterialien; didaktischer Ort: Erarbeitungsphase

8.14 Verbundmedien

→ mehrere eigenständige Medien i. e. S. auf Medienträger gemeinsam dargestellt -> additive Ergänzung
  → Kartogramm kein Verbundmedium, da nicht eigenständig; physische Karte = Verbundmedium (Symbole, Texte)
→ Medienverbund: verschiedene Medien werden innerhalb einer Unterrichtseinheit miteinander verknüpft -> Ergänzung, Mediendramaturgie
- **Arbeitsblatt**: nicht nur Erarbeitung von Sachverhalten
    o Informationsblatt = Material-, Präsentations-, Darbietungsblatt: Informationen in Gestalt von Texten, Statistiken, Tabellen, Diagrammen, Kartenskizzen, Profilen, Blockbildern, Zeichnungen, Fotos; keine konkreten Aufgabenstellungen; i. d. R. am Anfang des U (v. a. Erarbeitungsphase)
    o Erarbeitungsblatt = Ergebniserarbeitungs-, Versuchsbegleitungsblatt: selbstständiges Bearbeiten neuer Lernergebnisse; Aufgabenstellung, Bearbeitungshinweise
    o Sicherungsblatt = Ergebnis-, Übungs-, Merk-, Lernzielkontrollblatt: Arbeitsaufträge und Freiräume zum Ausfüllen und Eintragen
    o Testblatt = Bewertungs-, Prüfungsblatt: Bewertung von Lernleistungen, die nach den Vorgaben im Lehrplan zu erbringen sind; Aufgaben, Informationsquellen, mit denen die zu bewertende Aufgabe zu lösen ist
→ Vorteile: Vermittlung aktueller Informationen (v. a. wenn von L erstellt); Zeitersparnis
→ Nachteile: starke Lenkung des U (v. a. wenn zu Beginn des U ausgeteilt), genaue Vorgabe einzelner Unterrichtsschritte -> U wird starr, unbeweglich, fixiert
- **Schulbuch**:
    o Schulbuchtypen:
        - Lernbuch: Begleitmedium des U, kaum ohne Mithilfe des L zu verstehen; Texte zur unterrichtlichen und häuslichen Nachbereitung (Ergebnistexte!)

- Arbeitsbuch: Anbieten von Materialien, die einen sach- und schülergemä-
      ßen Arbeitsunterricht ermöglichen; selbstständige Erarbeitung von Infor-
      mationen und Anwendung von Methoden; Schwäche: Ergebnissicherung
    - Kombiniertes Arbeits- und Lernbuch: Angebot zahlreicher Materialien,
      Nennen zusammenfassender Ergebnisse
  - Funktionen:
    - Strukturierungsfunktion: teilt die dem Lehrplan entsprechenden Inhalte auf
      -> Hilfe für L bei Strukturierung des U → Forderung: übersichtliche, klare
      Gliederung des Gesamtbuches und der (Unter-) Kapitel
    - Repräsentationsfunktion: didaktisch aufbereitete Materialsammlung
    - Steuerungsfunktion: Reduktion des Inhalts, Auswahl und Anordnung der
      Medien, Aufgabenstellungen, Fragen, Impulse, die die Auswertung der
      Materialien steuern → Anregungen für U
    - Motivierungsfunktion: durch schülergemäße inhaltliche und äußere Gestal-
      tung Lernlust steigern, Neugier und Interesse wecken (spielerische Ele-
      mente, Auseinandersetzen mit Vorurteilen…)
    - Fachmethodische Funktion: Schulbuchkapitel, wie Auswerten von Bildern..
    - Innovierende Funktion: Aufgreifen und Umsetzen didaktischer und metho-
      discher Neuerungen (Lernzirkel, Gruppenpuzzle, LdL)
    - Übungs- und Kontrollfunktion: Angebot zur Selbstkontrolle, Merkhilfen
  - Anforderungen zur Gestaltung, Kriterien zur Beurteilung:
    - Sachrichtigkeit: gefährdet durch zu starke didaktische Reduktion
    - Inhaltsauswahl: Einhalten der Richtlinien, gesetzte Schwerpunkte -> moti-
      vationsfördernd, aktuellen Ergebnissen der Wissenschaft entsprechend,
      Methodenkompetenz vermittelnd
    - Anordnung der Inhalte: logischer Aufbau und Verknüpfung der Abschnitte
      innerhalb einer Unterrichtseinheit
    - Ideologischer Gehalt, politische Bildung
    - Bildausstattung: illustrierend, Verständnis fördernd
    - Textgestaltung: Verständlichkeit (gemäß Alter, Vorwissen), Zahl der
      Fachwörter
    - Aufgabenstellung, Arbeitsanweisungen: Aufgaben sollen klar, eindeutig
      und motivierend formuliert sein; alle benötigten Materialien müssen ge-
      nannt werden
    - Äußere Aufmachung und Ausstattung
    - Lehrerbegleitbuch, Materialienband: Hilfen zur Durchführung des U
  - Elemente von Großkapiteln:
    - Einstiegsseite: Motivation, Problemorientierung, Anfangsinformation
      → i. d. R. großformatiges Bild, kurzer Motivationstext, Kapitelüberschrift
    - Arbeits-Doppelseiten: topographischer Überblick, aussagekräftige, groß-
      formatige Informationsmaterialien; Aufgaben zu einzelnen Teilzielen
    - Ergebnis-, Schlussseite: Wiederholung und Zusammenfassung vorherge-
      hender Informationen, Einbindung der Einzelinformationen in größeren
      Zusammenhang
- **Atlas**:
  - Gliederung nach:
    - geographischem Bezugsraum (Himmels-, Erd-, National-, Heimatatlanten)
    - Gegenstandsbereich in topographische und Fachatlanten
    - Benutzern (Schul-, Haus-, Autoatlanten)
  - Schulatlanten: auf Ziele und Inhalte des U ausgerichtet → Reduktion von Inhal-
    ten, Beschränkung auf wenige Maßstäbe (-> Vergleich von Räumen)
  - Unterscheidung nach Einsatz im GeoU:
    - Heimatatlas = Grundschulatlas: Hilfen zur Einführung in Kartenverständ-
      nis; topographische, einfach thematische Karten
    - Weltatlas: für Sekundarstufen: umfassende Darstellung der Erdoberfläche
→ meistens für Schularten konzipiert

- o Für geographische Untersuchungen am Ende der Sek. I und in Sek. II:
  - Regionalatlas: begrenzter Raum, v. a. thematische Karten
  - Planungsatlas: thematische Karten für Planungszwecke einer Region
  - Topographischer Atlas: Auswahl topogr. Kartenausschnitte verschiedener Maßstäbe, interpretierende Texte, Profile etc. ; Art Landeskunde
  - Luftbildatlas: Schräg-, Senkrechtaufnahmen
  - Weltraumbild, Satellitenbildatlas
- o Funktion, Inhalt und Aufbau der Atlanten im Laufe der Zeit:
  - Länderkundlicher U: v. a. orientierende Funktion; heute: Schwerpunkt auf thematischen Karten (lernzielorientierter U)
  - Verringerung der physischen Übersichtskarten zugunsten thematischer Karten
  - Offen ist Frage nach optimaler Kartenanordnung: meistens vom Nahen zum Fernen, Grundgerüst: physische Karten (selten Gliederung nach Sachgruppen)
- o Kriterien:
  - Physische Karten sollten mit vielen topographischen Namen zur Einordnung der Orte und Detailkarten ausgestattet sein
  - Vielzahl thematischer Übersichtskarten und exemplarischer Detailkarten
  - Vergleichende Gegenüberstellung von verschiedenen Räumen mit gleichem Maßstab und gleiche Räume mit verschiedenen Geofaktoren
  - Ergänzung der Karten durch Profile, Diagramme etc.
  - Gut lesbare Signaturen
  - Gleicher Maßstab für physische und komplexe Wirtschaftskarten
  - Gute Erschließung durch Gliederung vom Nahen zum Fernen
  - Sinnvoll ist ergänzender Textband (Interpretation thematischer Karten, jährlich erscheinende Statistik)
- o Didaktischer Ort:
  - Einstiegsphase: Lokalisation
  - Erarbeitungsphase: Einordnung des Fallbeispiels in größeren Natur- oder Wirtschaftsraum; Erarbeitung verschiedener Informationen v. a. an thematischen Karten
  - Anwendungsphase: räumlicher Transfer von Erkenntnissen mit Hilfe physischer und thematischer Karten auf andere Regionen
- o Sozialformen: Einzel-, Partner-, Gruppenarbeit

→ durch Zunahme thematischer Karten im Schulbuch und durch geringere Förderung im Rahmen der Lernmittelfreiheit: Bedeutungsverlust; dennoch: Basis- und Leitmedium

8.15 Digitale Medien

- **Strukturmerkmale**: = hybride (zusammengesetzte) Medien; Nachteil: hohe Kosten; Computer als zentrales „Steuerungsmedium"
  - o **Multimedialität**: mehrere Medien unter gemeinsamer Oberfläche integriert und präsentiert; Einbettung in soziale Lernkontexte und U-Situationen nötig
  - o **Multimodalität**: v. a. Internet; Lernen mit mehreren Sinneskanälen; aber: Überfrachtung durch Eindrücke möglich; entscheidend: mentale Anstrengung, Gründlichkeit der Verarbeitung
  - o **Multicodalität**: Darstellung der Informationen in versch. Symbolsystemen (gesprochene Sprache, Texte, Abbildungen, Zahlen etc.); Lernerfolg abhängig von Verstehen und aktiver Verknüpfung der Codes
  - o **Interaktivität**: dialogartige Kommunikation zwischen S und Medium, aber im sozialen Kontext
  - o **„Infotainment", „Edutainment"**: Lernen, das nicht als solches empfunden wird, da unterhaltsam, anregend gestaltet, mühelos
  - o **Multilinearität**: Infos häufig mit Links verknüpft: vgl. netzwerkartige Struktur der Kognition und Speicherorganisation des Gedächtnisses; entscheidend: S können selbst verschiedene Teile aktiv verknüpfen

- o **Offenheit**: viele Lernwege und Nutzungsmöglichkeiten -> S aus Passivität herausholen, selbstbestimmt lernen; aber: schwache S brauchen mehr Hilfe und Vorstrukturierungen
- o **Anonymität, Distanz**: v. a. Internet: Lernen mit entfernten, unbekannten Partnern; Vorteil: unbeschwerte, offene, unvoreingenommene Kommunikation; Nachteil: vielen S fällt es schwer, sich auf solche Partner einzustellen
- o **Indirektheit, Virtualität**: Problem: Schaffung virtueller Realitäten, die von S als „Wirklichkeit selbst" wahrgenommen werden
- o **Informationsfülle**: Orientierung im Internet nur noch mit technischen Suchhilfen möglich; Problem: Selektion der relevanten Informationen
- **Funktionen**:
  - o **Informationsbeschaffung**:
    - ▪ Datenbanken: öffentlich (Statistische Jahrbücher, Enzyklopädien, Wörterbücher, Weltklimaatlas…)
    - ▪ CD-ROM, DVD: problemlose, wenig zeitaufwändige, preiswerte Nutzung; aber: nicht regelmäßig aktualisiert
    - ▪ Individuelle Datenbank: selbsthergestellte Informationen und U-Materialien
    - ▪ Internet: Angebot eines Basisdienstes: Verbindungsaufbau zwischen einzelnen Rechnern; aufbauende Anwendungsdienste (Browser): für Kommunikation und Zugriff auf Informationen → die wichtigsten sind:
      - • www: grafische Benutzeroberfläche: Abrufen fast aller Angebote und Informationen ohne unterschiedliche Spezialprogramme
      - • Email
      - • News: Diskussionsforen: Gedanken-/Meinungsaustausch, tagesaktueller Abruf von unterrichtsrelevanten Informationen
      - • Chats: „Live-Unterhaltung" (Gegensatz zu News) auf globaler Ebene (aber: nur 3-5% der Weltbevölkerung nutzen Inet) → interkulturelles, globales Lernen als Utopie; Videokonferenzen sind kostenintensiv (techn. Anforderungen)
      - • E-Learning: eigenständiges Lernen mit online-Materialien: weltweite Zusammenarbeit und Meinungsaustausch möglich; aber: teuer, zeitintensiv
      - • Blended Learning: Verbindung von E-Learning du Phasen eines lehrergeleiteten, nichtcomputergestützten U → Virtuelle Exkursionen: weit entfernte Orte per Internet oder mit Software erkunden
      - • Multimediale Anwendungen: Texte, Grafiken, Animationen, Bilder, Videosequenzen, Simulationen auf CD/DVD, Internet
      - • FTP (File Transfer Protokoll): Kopieren von Programmen aus dem Internet auf Festplatte (Spiele, Literatur, Videosequenzen)
      - • Telnet: Intensive Verbindung zwischen zwei Rechnern: Nutzen von Anwendungsprogrammen auf anderem PC
    - ▪ Einsatzmöglichkeiten: U-Vorbereitung, Vorbereitung von Referaten/Projekten, im U selbst zur Informationssuche/-verarbeitung
    - ▪ Schul-, Bildungsserver: Spezialkataloge zu schul-/bildungsrelevanten Themen
      - • Deutscher Bildungsserver: Meta-Server: verweist auf Informationen zum dt. Bildungswesen
      - • Landesbildungsserver: Datenbanken mit Verweisen zu Internetquellen, lehrplankonforme Unterrichtsmaterialien, Informationen zu Aus-/Fort-/Weiterbildung, Elterninformationen…
      - • SchulWeb: Informationsdienst der Humboldt-Uni in Berlin: Förderung internationaler Kontakte durch Bereitstellung von Kommunikationsmöglichkeiten; kann selbst gestaltet werden; Präsentation von Schulzeitungen, -radios, Klassenfahrten, Materialien

- Zentrale für Unterrichtsmedien: Nutzbarmachung des Internets als Lern-, Lehrhilfe; Erstellung, Verbreitung von Arbeitsmaterialien etc.
  - E-Mail-Projekte
- Förderung des Selbsttätigkeit der S: Strategien zur Informationsgewinnung aus Fülle an Materialien; Differenzierung: schwächere S bekommen vorsortierte Auswahl an Daten oder genaue Suchhinweise
- Gruppendynamisches Arbeiten: genaue Arbeitsanweisung nötig
- Vorteile der Arbeit mit Internet:
  - S, die sonst keinen Zugang haben, bekommen ihn -> Chancengleichheit
  - Erhöhte englischsprachige Kompetenz
- Nachteile:
  - Unteren Klassen bleiben englischsprachige Infos vorenthalten
  - Fehlende Kontrollinstanz für Informationen
  - Datenfülle
  - Oft überlastetes Netz

o **Informationsaufbereitung, -darstellung**: Aufbereitung des Materials: später bequem, schnell und effektiv neu zusammenzustellen → Visualisierungsformen:
  - Texte: Informations-, Erarbeitungs-, Sicherungsblätter
  - Tabellen, Grafiken, Skizzen: Bearbeitung statistischen Materials
  - Grafik-, Zeichenprogramme: Erstellen von Diagrammen oder Skizzen
  - Karten: Veränderung/Erweiterung vorhandener Karten
  - Bildbearbeitung
  → v. a. Lehrer, Partnerarbeit der S, Projekte
o **Präsentation der Ergebnisse**: S brauchen Anleitung bei Erstellung→ Email-Projekte mit anderen Ländern: z. B. Energie, Freizeit, globale Umweltveränderung
o **Informationsdeutung, -übung**:
  - Animationen: elektronische Lernumgebungen (bewegtes Bild - Visualisierung räumlicher Prozesse): kaum Interaktivität oder Steuerung der ablaufenden Prozesse möglich
  - Simulationsprogramme: sichtbar Machen einzelner räumlicher Phänomene und Prozesse; Simulationen durch Veränderungen von Parametern
    - Vorteile:
      o Lernprozess: gesteigerte Motivation, Unterstützung des entdeckenden und individuellen Lernens, Anstoß zu elementaren Denkprozessen
      o Gegenstandsstruktur: Erleichterung des Denkens in vernetzten Systemen, Verdeutlichung der negativen Konsequenzen monokausalen Denkens, Erwerb kybernetischen Wissens durch Einsicht in dynamische Systeme
      o Technische Möglichkeiten: Prozesse können gebremst, aufgehalten, beschleunigt, wiederholt, umgekehrt werden; sehr komplexe Systeme werden leichter erfasst
      o Simulation als U-Einheit: Kennenlernen der Modellmethode, dadurch Einüben der Modellbildung; Kennenlernen der Computersimulation als wissenschaftliche Methode; Integration forschungsnaher Problemstellungen in U; Erschließung von komplexen Problembereichen mit interdisziplinärem Charakter
    - Bedenken: zu starke Vereinfachung von Systemen, allzu starke Reduzierung der Parameter (-> utopisches Spiel); Eindruck eines gesetzmäßigen Determinismus (keine Berücksichtigung menschlichen Handelns); Ausklammerung historischer, kultureller, sozialpolitischer Gegebenheiten (-> Übertragen der eigenen Sichtweise auf

andere Kulturräume, Entwicklungsländer); keine Operationalisier-
barkeit von affektiven Lernzielen möglich
- Lernprogramme:
    - Drill-and-Practice-Programme: Festigen und Testen erworbenen
      Wissens: Topographiespiele, interaktive Übungen mit gezielten
      Rückmeldungen und Erklärungen, Tests zu Grundwissen…
    - Trainingsprogramme: Entwicklung instrumentaler Fähigkeiten und
      geographischen Denkens; Ziel: selbstständiges Lernen
    - „Edutainment"-Programme: Einsatz von Unterhaltungselementen
      auf Kosten sachlicher Korrektheit; Lernen „nebenbei"
- Geographische Informationssysteme: Informationsbeschaffung, -
  darstellung, -deutung; Layertechnik; Bestandteile:
    - Geographisch interessierter Nutzer
    - Räumlich darstellbare Sachdaten, digitale Karten
    - Spezielle GIS-Software, weitere Softwarepakete zur Datenanalyse
    - Leistungsfähige Computer-Hardware
  → Nutzung als digitaler Atlas

8.16 Medienverbund

- **Formen der Medienkombination**:
    - Variable, weniger stark determinierte Medienkombination, die zum erreichen ein-
      zelner Teilziele einer Unterrichtseinheit eingesetzt wird (Foto, Kausalprofil, thema-
      tische Karte, synoptisches Schema)
    - Stärker in Aufgabenstellung des U einbezogene Medienkombination, meist be-
      stehend aus einem tragenden Leitmedium (Film, Schulfernsehen) und einzelnen
      Ergänzungsmedien (Fotos, Texte), die versch. Teilbereichen des Leitmediums
      (=Teilzielen) zusätzlich zugeordnet sind
- **Kriterien**:
    - Lernzieleinbindung der Medien
    - Einbindung der Medien in verschiedene Unterrichtsphasen
    - Anbindung an Aktions- und Sozialformen zur Förderung der Methoden- und Sozi-
      alkompetenz
    - Mediale Koppelung innerhalb der Mediendramaturgie des Unterrichtsprozesses
    - Berücksichtigung der medialen Eigengesetzlichkeiten (z. B. kontrastierend, an-
      schaulich, abstrakt)
    - Evtl. Leitfunktion eines Einzelmediums
    - Überprüfung im Testverfahren
- **Merkmale**:
    - Ergänzungseffekt: best. Medien können nur Teile der Wirklichkeit wiodorgobcn
    - Multisensorische Verstärkung: je größere Vielfalt sensorischer Reize, desto diffe-
      renzierter und intensiver ist Aufnahmeprozess
    - Wahrnehmungsförderung: indirekte Anschauung, da unmittelbare Erfahrung nicht
      immer möglich: Korrektur von Vorurteilen und individuellen Vorstellungen
    - Einschränkung einseitiger Fremdsteuerung, da jedes Medium manipuliert
    - Förderung der Differenzierung
    - Erschließung der Lernzielbreite: kognitive, affektive, instrumentale, soziale Lern-
      ziele; Schwerpunkt: Sach-, Methodenkompetenz
    - Förderung der Bewertungsfähigkeit: Aufbau von Werthaltungen
    - Intensivierung des Handlungsbezugs: durch Mitwirkung bei Medienauswahl, Un-
      terrichtseinbau, Festlegung des Auswertungsmodus erweiterte Handlungsbereit-
      schaft der S
    - Motivationsförderung: durch Wechsel der Medien (-träger)
- Aber: weniger ist oft mehr: „Multi-Media-Show": kein sinnvoller, auf geistige Durchdringung angelegter U → kritikloser, rezeptiver Medienkonsum im alltäglichen Leben

- **Teildisziplinen der Medienpädagogik**:
  - o **Medienkunde**: sammelt Fakten u. a. über technische, ökonomische, künstlerische, organisatorische Bedingungen beim Einsatz von Medien
  - o **Medienerziehung**: Hinführung der S als Medienbenutzer zu kritischem, verantwortungsvollem Umgang mit Medien
  - o **Mediendidaktik**: Theorie/Praxis des Einsatzes der Medien als Träger von Lehr- und Lerninhalten und als Hilfsmittel im U: Funktion, Wirkung, Gestaltung…
  - o **Medienforschung**: wissenschaftliche Untersuchungen zur optimalen Gestaltung von Medien und Wirkung von Medien
- **Gründe für Medienerziehung in der Schule**: Medien als konstitutiver Bestandteil der modernen Zivilisation → Einfluss auf Lebensgestaltung, Gesellschaft → S muss Wirkung/Gefahren von Medien erkennen, mit ihnen sinnvoll und selbstständig umgehen
- **Ziele der Medienerziehung**: Vermittlung von Sach-, Methoden-, Moral-, Sozial-, Handlungskompetenz
  - o Fähigkeit, Medieninformationen zu verstehen und zu verarbeiten
  - o Einsicht in Bedeutung und Wirkung der Medien
  - o Kenntnis von verschiedenen Arten medienspezifischer Darstellung der Wirklichkeit
  - o Überblick über formale und ästhetische Gesichtspunkte verschiedener Formen des Medienangebots
  - o Bereitschaft, zum selben Thema unterschiedliche Medien heranzuziehen
  - o Fähigkeit, einfache Medien selbst herzustellen und ihre Wirkungen zu erproben
- **Methoden der Medienerziehung**:
  - o Indirekte Medienerziehung: Verwendung von Medien im U zur Erarbeitung best. Sachverhalte
  - o Direkte Medienerziehung: aktive Medienarbeit: Selbsttätigkeit, längerer Zeitraum, Erfahren von Kommunikation und Zusammenarbeit → gemeinsame Planung und Entwicklung von Medien durch L und S
- **Medienerziehung im GeoU**:
  - o Methodische Großformen: z. B. Exkursionen, Projekte, Schullandheim
    - Erfahren, wie und warum ein Sachproblem durch versch. Medien auf versch. Weise dargestellt werden kann
    - Erfahren, dass es sinnvoll und notwendig ist, versch. Medien zur Information heranzuziehen
    - Erfahren, dass Kameras zur Dokumentation eines Sachverhalts häufig erforderlich sind
    - Erfahren, welche Sinne ein Medium fördert und welche nicht
  - o Medienprodukte aufmerksamer und souveräner sehen: Kontinuierlichkeit, Sachangemessenheit, Aktualität, Auswahl des Gezeigten, evtl. Bezugszahlen
  - o Mögliche Themen für aktive Medienarbeit: v. a. versch. Problembereiche des Nahraums (Umwelt, Müll, ausländische Mitbürger, Verkehr…)
  - o Arbeitstechniken:
    - Aufnahme von Interviews
    - Gestaltung von Plakaten/Collagen; Anfertigen eigener Zeichnungen/Fotos
    - Zählungen und Umsetzung der Zahlenangaben in Tabellen/Diagrammen

- Forschungsbereiche
  - o Erstellung und Beurteilung erdkundlicher Medien
  - o Wirksamkeit von Medien im GeoU

- Kriterien zur Erstellung erdkundlicher Medien
  - o Strukturierung der Informationen: durch Erfassen von Ähnlichkeiten, Vermittlung der einfachsten Gestalt, ausgeprägte Linearität

- o Gestaltung der Informationen: durch figürliche Darstellung, Übereinstimmung von Mitteilung und Illustration, Kontrastierung
  - o Konturierung der Informationen: durch Sichtbarmachen der Verflechtungen, schwer zugänglicher Phänomene, von Dynamik und Prozess, durch Ansprechen mehrerer „Kanäle"
- Gezielte Wirkungsforschungen bisher wenig durchgeführt

9 Lernkontrollen im GeoU

9.1 Phasen des Kontrollprozesses

9.1.1 Lernerfolgskontrolle

- Ermitteln, ob die im LP angestrebten Ziele und Inhalte erfolgreich waren
- Didaktisches Modell, das zugrunde liegt: lernzielorientiertes Modell
- Lernerfolgskontrollen/Lern(ziel)kontrollen= Vorgang der Überprüfung von Lernprozessen und Lernprozesseffekten auf ihre Übereinstimmung mit gesetzten Lernzielen
- Verzichten auf Bewertungen mit Noten oder Werten, liefern lediglich eine Bestandsaufnahme über Art und Ausmaß der Aneignung von Wissen und Können
- Funktionen:
  - o Ermöglichen S, persönlichen Lernerfolg festzustellen
  - o Bieten L eine Grundlage zur Leistungsbewertung
  - o Dienen U-vorbereitend der Ermittlung von Lernvoraussetzungen
  - o Steuern U-begleitend die Veränderungen unterrichtlicher Maßnahmen
  - o Liefern U-abschließend eine Tatsachenbeschreibung zum Lernstand des S
  - o Geben L Aufschluss über Effizienz seiner U-Planung
  - o Vermitteln Daten für eine längerfristige Revision des LP
- Bezieht sich auf verschiedene Dimensionen des Lernens:
  - o Das inhaltlich-fachliche Lernen
  - o Methodisch-strategisches Lernen (instrumentale LZ)
  - o Sozial-kommunikatives Lernen (Kooperationsfähigkeit
  - o Affektives Lernen (Selbsteinschätzung)
- Überprüfung bietet jedoch einige Schwierigkeiten:
  - o Kontrolle affektiver LZ fast unmöglich
  - o Innerhalb der einzelnen Lerndimensionen: zunehmende Komplexität → erschwert Kontrolle: Kontrolle kognitiver LZ dritter Stufe (Erkennen/Einsehen) = komplexe S-Leistung
  - o Auch instrumentale LZ teilweise schlecht kontrollierbar

9.1.2 Leistungsmessung und –feststellung

- Feststellung exakter Lernerfolge im Hinblick auf die zu erreichenden LZ
- Wichtig: objektive Leistungsmessung; aber: kein verbindliches Verfahren
- Setzt voraus, dass S wissen, was von ihnen verlangt wird → wenn L zu Beginn einer Stunde LZ klar vorgibt, schafft er erste Voraussetzung für objektivierte Leistungsmessung
- S muss Bewertungsmaßstab für Lernkontrolle offen gelegt werden: Reproduzieren ist einfacher als Analysieren → muss sich in Bewertung niederschlagen
- Alle Aufgaben so formulieren, dass die Ergebnisse quantifizierbar sind → S weiß dann, wie viele Teilantworten er bei einer Aufgabe geben muss, erleichtert zudem Korrektur

Leistungsfeststellung:
- Objektiv, nachprüfbar, valide, verlässlich und ökonomisch
- **Objektivität**: Unabhängigkeit von der messenden Person, jeder, der einen Test korri-
giert, sollte zu dem gleichen Ergebnis wie der L kommen; auch im Rahmen der Durchführung zu beachten: jedem S die gleichen Bedingungen schaffen
- **Nachprüfbarkeit**: damit E und S eine als ungerecht empfundene Leistung besser nach-
vollziehen und beurteilen können
- **Validität** (=Gültigkeit der Messung): das was der Test vorgibt zu messen muss auch
wirklich gemessen werden, also: bei Geo-Ex zählt zunächst nur der geographische Aspekt, Grammatik, Rechtschreibung etc. kommen danach! (In den Richtlinien häufig schon
festgeschrieben, das sprachliche Mängel in jedem Fach zu Punktabzug führen können)
- **Verlässlichkeit**: Messung ist genau und kein Zufallsergebnis, entspricht wirklichen Leistung des S
- **Ökonomie**: Messung kann mit vertretbarem Arbeits- und Zeitaufwand durchgeführt werden
- Es können nicht immer alle Kriterien erfüllt werden, man sollte sich jedoch bemühen, so
viele wie möglich zu erfüllen!
- Bei **mündlichen Überprüfungen**: exakte Leistungsmessung kaum möglich; man muss S
den Ablauf erklären, ihnen das Zustandekommen einer Note aufzeigen und anhand eini-
gen Bsp. erklären
- Bei **schriftlichen Prüfungen**: Vorteil, dass bei Einspruch schriftlicher Beweis vorliegt,
Lernerfolg kann (je nach Aufgabentyp) schnell und objektiv festgestellt werden

9.1.3 Leistungsbewertung
- Möglichst gute Leistungsmessung = Grundlage für gesicherte Leistungsbewertung
- Wichtig dabei: den S muss Bewertungsmaßstab und Messverfahren bekannt sein
- Bei Bewertung: 3 Bezugssysteme:
    - Kriteriumsorientierte (curriculare, objektive) Bezugsnorm: das gesetzte Ziel ist
      der Bewertungsmaßstab, d.h., ist Ziel erreicht worden oder nicht
    - Soziale (gruppenbezogene oder intersubjektive) Bezugsnorm: Lernleistung
      des Einzelnen wird mit der der Referenzgruppe verglichen
    - Individuelle (intrasubjektive) Bezugsnorm: momentane Leistungen eines S
      werden mit seinen früheren Leistungen verglichen
- Unterschiedliche Verfahren
    - Beurteilungsverfahren und Leistungsmaßstab möglichst vor einem Test be-
      kannt geben
    - Bei schriftlichen Leistungen: unterschiedliche Bewertungssysteme, z.B. das
      konventionelle Modell (mind. 50% der Punkte für ausreichende Leistung)

9.1.4 Schülerbeurteilung
- Wertende Stellungnahme zur Gesamtpersönlichkeit des S, seinen Begabungen, Fähig-
keiten, Interessen , Verhaltensweisen
- Wird vom L in Form von Beratungsgesprächen oder Übertrittszeugnissen verlangt
- Auch nicht 100%ig objektiv, denn L muss sich neben Testergebnissen auf längerfristige
Beobachtungen und evtl. Gespräche stützen
- Beobachtungs- und Beurteilungskriterien:
    - Lernverhalten und Lernbereitschaft

o   Individual- und Sozialverhalten
o   Körperliche und gesundheitliche Verfassung
o   Besondere Schulverhältnisse

9.2 Formen der Lernkontrollen

9.2.1 Klassifikation der Lernkontrollen

- **Geschlossene Lernkontrolle/Leistungskontrolle**: nur für die Überprüfung von S-Leistungen, z.B. Klassenarbeiten, Kurzarbeiten, mündliche Leistungskontrollen
- **Immanente Lernkontrolle /Leistungskontrolle**: durch Festigung, Wdh., Übung, Anwendung, … überprüft L innerhalb des Lernprozesses, inwieweit sich der S Kenntnisse und Fähigkeiten angeeignet hat, z.B. mündliche oder schriftliche Beantwortung von Fragen, die zur Erarbeitung neuer Inhalte beitragen, mündliche Kontrolle von Hausaufgaben
- **Spezielle Formen der Leistungskontrolle**: mündlich oder schriftlich, bedürfen beim S eine längere Phase der Vorbereitung → Leistung des S nur schwer feststellbar, da der Grad an fremder Hilfe nicht bekannt ist
- Weitere Klassifikation der Formen der Lernkontrolle / Leistungskontrolle: an den Tätigkeiten des Prüfern orientieren
- Im GeoU am gebräuchlichsten: in der **Tätigkeit der S** unterschieden: mündliche vs. schriftliche Lernkontrollen

9.2.2 Mündliche Lernkontrollen

- **Formen** mündlicher Lernkontrollen
    - o   Meistens das sog. Abfragen: L prüft am Anfang einer Stunde, ob S die Ziele und Inhalte der letzten Stunde erreicht haben
    - o   **Indirekte mündliche Lernkontrollen**: jede Art von S-Äußerung im U-Verlauf, „Unterrichtsbeiträge"
        - ▪ Antworten, kurze Ergebnisberichte aus Einzel-, Partner-, Gruppenarbeit, Diskussionsbeiträge, Rollenspiele etc.
        - ▪ Ohne großen organisatorischen Aufwand kann L sich Bild der Klasse machen
        - ▪ Summe aus U-Beiträgen einer U-Einheit: „Epochalnote" entsteht
    - o   **Direkte mündliche Lernkontrollen**: direkte Kontrollsituation, dem S bewusst
        - ▪ Kurzreferat: vorgegebenes / selbst gewähltes Thema, klar eingegrenzt, enger Zusammenhang zum U-Thema, anschließende Diskussion muss möglich sein, Bewertungsgrundlagen = Aufbau, Inhalt, Medien, Reaktion des S auf Fragen, Verhalten bei der Diskussion
        - ▪ Wdh. zum U-Beginn: Abfragen einzelner S, Protokoll der letzten Stunde (ein S kann sich gezielt darauf vorbereiten), einleitendes Wdh.-Gespräch (mit ganzer Klasse, für 2-3 vorgemerkte S werden Noten vergeben, vorher aber nicht bekannt), dialogische Bearbeitung von Kontrollaufgaben (L legt Aufgaben vor, die S in Alleinarbeit lösen, ein S beantwortet Fragen mit dem L im Dialog)
- **Vorteile und Chancen** mündlicher Lernkontrollen
    - o   Differenziertes Ansprechen verschiedener Schwierigkeitsgrade (je nach Leistungsstand des S)

o   Individuellen Lernerfolg des einzelnen S genauer festzustellen als bei schriftlichen Kontrollen, man kann S Hilfen geben und sofortige Rückmeldung über den Erfolg seines Lernprozesses
o   Chancenausgleich: oft sind S bei schriftlichen Aufgaben nervös, unsicher oder ängstlich
o   Besondere Beiträge und kreative Leistungen können gewürdigt und belohnt werden
o   Anreiz zur U-Beteiligung
- **Nachteile und Probleme** mündlicher Lernkontrollen
  o   Kein direkter Vergleich mit anderen Leistungen, erfordert rasche Entscheidung des L, weniger exakt und valide → höherer Grad an Subjektivität
  o   Erinnerungslücken oder –verfälschungen: zwischen Beurteilung und Bewertung liegt ein mehr oder weniger großer Zeitraum
  o   Irrationale Faktoren können Beurteilung über S stärker beeinflussen als bei schriftlichen Lernkontrollen (z.B. Sympathie, sprachliche Ausdrucksweise)
  o   Milde-Effekt: L haben oft Hemmungen, schlechte Noten herzugeben
  o   Zeitaufwand: jeden S einzeln abfragen dauert länger, als eine Ex zu schreiben
  o   Aufmerksamkeit der anderen S geht verloren

9.2.3 Schriftliche Lernkontrollen

- **Testtypen**: standardisierte Tests vs. informelle Tests
- **Standardisierte Tests**: theoretisch das objektivste Evaluationsmittel, der Durchführung eines solchen Tests muss ein geeigneter U vorausgehen → Vereinheitlichung des U, keine offenen U-Formen mehr, kein variabler Medieneinsatz → z.B. bundesweit gleiche Tests wie Zentralabitur, PISA-Tests → fehlende Voraussetzungen und deshalb nicht möglich
- **Informelle Tests**: am häufigsten verwendet, dienen der Überprüfung des Lernfortschrittes einer bestimmten Lerngruppe, wichtig dabei: die im Test geforderten Lernziele stimmen mit denen der letzen Stunde überein
- **Aufgabenformen schriftlicher Lernkontrollen**:
  o   Kontrolle **kognitiver LZ**: Formen mit freier Aufgabenbeantwortung, gebundener Aufgabenbeantwortung und Zwischenformen
  o   In fast allen Aufgabenformen können auch instrumentale LZ kontrolliert werden
  o   Kontrolle sozialer und affektiver LZ: bei Projekten, Planspielen, Exkursionen etc. nach Bewertungskriterien muss erst noch geforscht werden
    - **Aufgabenformen mit freien Antworten**: S muss Antwort selbst formulieren, Ausfüllen von Lückentexten, Beschriftung von Abb., Umsetzen von Daten in graphische Darstellungen, …
      - Kurzantwortaufgaben: *Frageform* (enthält Frage oder Aufforderung), *Ergänzungsform* (liefert bruchstückhafte Infos, S muss sie ergänzen, von Lückentexten ist aber v. a. in höheren Klassen abzuraten, besser: textliche/graphische Vervollständigung von Graphiken), *Assoziationsform* (S müssen einem in einer Aufgabe enthaltenen Begriff mit einem anderen Begriffselement assoziieren)
      - Kurzaufsatzantwort: S bekommen z.B. Zeitungsartikel den sie unter wirtschaftsgeographischen Aspekte zusammenfassen und interpretieren sollen

- **Aufgabenformen mit gebundenen Antworten**: kein Mangel an Objektivität, verschiedene Unterformen:
    - **Zweifachwahlaufgabe**: zwei Antworten sind vorgegeben, von denen nur eine richtig ist → richtig/falsch; Vorteil: leicht zu erstellen; Nachteil: Ratewahrscheinlichkeit sehr hoch
    - **Mehrfachwahlaufgabe**: Multiple Choice; Vorteile: schnell zu korrigieren, geringe Ratewahrscheinlichkeit, Objektivität; wichtig dabei: auch die falschen Antworten müssen plausibel klingen
    - **Ordnungsaufgabe**: zwei Reihen von Begriffen, Aussagen etc., die zutreffende einander richtig zugeordnet werden müssen, am besten, wenn eine Reihe länger als die andere → kniffliger ;-)
    - Andere Ordnungsaufgabe: Begriffe, Aussagen etc. müssen in logische Reihenfolge gebracht werden
- **Zwischenformen**: teils frei, teils gebunden, Kombination beider Aufgabenformen, z.B. lassen sich 2-und Mehrfachwahlaufgaben mit Begründungen ergänzen
  - **Negativ- oder Korrekturaufgaben:** Aufgaben, bei denen ein falsche Antwort gefunden werden muss, sollten vermieden werden

- Gestaltung und Aufbau schriftlicher Lernkontrollen
  - **Ziele und Inhalte**: berücksichtigen, wenn Ziele des U sich von denen im LP fixierten unterscheiden, was soll schwerpunktmäßig geprüft werden? (Sachkompetenz, Methodenkompetenz, Kreativität, Kombination dieser Kompetenzen)
  - **Lernzielebenen / Taxonomie**: für das Verständnis von geographischen Zusammenhängen muss zur 2- oder Mehrfachwahlaufgabe auch eine Ergänzung und Begründung gegeben werden, möglich auch Transferaufgabe
  - **Medien**: wichtige Mittel bei einer Lernkontrolle, Test darf nicht textlastig sein, in allen Aufgabenformen können Karten, Diagramme, Bilder etc. eingebaut werden, natürlich sehr wichtig: ATLASKARTEN!
  - **Formulierung der Kontrollaufgaben**: klar, präzise, unmissverständlich, verwendete Operatoren müssen bekannt sein (Nennen, Beschreiben, Untersuchen, Analysieren, Zusammenfassen, Vergleichen, Erläutern, …); Aufgabenstellung nicht so formulieren, dass eine Aufgabe auf die andere aufbaut!
  - **Aufbau der Lernkontrolle**: Mischung aus unterschiedlichen U-Zielen, -Inhalten sowie Medien; verschiedene Aufgabenformen, zunehmender Schwierigkeitsgrad, unterschiedliche Lernzielebenen ansprechen
  - **Motivierende Gestaltung**: trockene Fragestellungen sind schlecht für flexibles Denken → Abwechslung und…
    - Humor: Witz, Karikatur, selbstangefertigte Zeichnung, wenn möglich Personalisierung → Motivationsfördernd
    - Aktualität und Praxisnähe: wo immer möglich, Zeitschriften- und Zeitungsartikel
    - Fehlerhafte Berichte: erweckt bei den S Eifer, die Fehler zu finden
    - Defekte Strukturen: auch vom L selbst in Aufgabe eingebaut möglich → Schülerinteressen anregen, aber: nur im U einsetzen, nicht im Test, weil fehlerhafte Struktur von S gespeichert werden könnte!

10 Unterrichtsplanung und Unterrichtsanalyse

10.1 Didaktische Modelle und Unterrichtsplanung im Geographieunterricht

- **Unterrichtsplanung im Sinne der bildungstheoretischen & kritisch-konstruktiven Didaktik:**
  - Bildungstheoretische Didaktik: nach Klafki
    - L soll in didaktischer Analyse Entscheidungen der Lehrplangestalter noch einmal nachvollziehen -> Bildungsgehalt des –inhaltes ermitteln; keine methodischen Aspekte → inhaltliche Dimension des U
      → 5 didaktische Grundfragen zur Ermittlung des Bildungsgehaltes:
      - Exemplarität
      - Gegenwartsbedeutung
      - Zukunftsbedeutung
      - Struktur
      - Zugänglichkeit
    - L soll Bildungsprozess in Gang bringen und den Ablauf unterstützen
  - Kritisch-konstruktive Didaktik: nach Klafki (Weiterentwicklung von oben)
    - Allg. Ziele: Selbstbestimmungs-, Mitbestimmungs-, Solidaritätsfähigkeit
    - Perspektivenschema zur Unterrichtsplanung: Bedingungsanalyse, Begründungszusammenhang, thematische Strukturierung (= Gegenstands-, didaktische Analyse), methodische Analyse (Implikationen der Thematik)
    - Beschränkung auf inhaltliche Dimension des U
- **Unterrichtsplanung im Sinne der lehr-/lerntheoretischen Didaktik (Berliner und Hamburger Modell):**
  - Berliner Schule: Einbeziehung der Methodenorganisation und Medienwahl
    - 4 Entscheidungsfelder: Intentionen, Inhalte, Methoden, Medien
    - 2 Bedingungsfelder: anthropologisch-psychologisch, soziokulturell
      → Planung der U-Einheit: didaktische Analyse (inkl. Ziel-, Sachanalyse), methodische Analyse (inkl. Medienanalyse)
  - Hamburger Schule: Ergänzung der Berliner Schule durch W. Schulz
    - Erfolgskontrolle erleichtert S und L Selbststeuerung und unterschiedliche Kommunikation
    - Ebenen der zeitlichen Abfolge und der Konkretisierung:
      - Perspektivplanung ((Halb-) Jahresplanung): mehrere U-Reihen
      - Umrissplanung: eine U-Reihe
      - Prozessplanung: Verlauf einer U-Einheit bzw. –stunde
      - Planungskorrektur: Korrektur des in der Prozessplanung antizipierten Unterrichts
    - Neben Strukturelementen des U (Ziele, Ausgangslage, Vermittlungsvariablen, Erfolgskontrolle) ist Ausgangslage der S wichtig (Beteiligung an Planung -> Bedürfnisse, Wünsche)
- **Unterrichtsplanung im Sinne der kybernetisch-informationstheoretischen Didaktik:**
  - 5 Schritte der Unterrichtsplanung: nach von Cube
    - Zielplanung: Reflexion über Ziel-/Zeitvorgaben, Adressaten, Realisierungsmöglichkeiten → Lernziele in operationalisierter Form
    - Strategieplanung: Strategien zur Erlangung von Kenntnissen, Erkenntnissen, Fertigkeiten in Bezug auf Teilziele und Methoden (am wichtigsten!)
    - Medienplanung: Medienkompetenz der Adressaten, mögliche Kodierung des Inhalts in Bezug auf auditive oder audiovisuelle Aufnahme, auf Abstraktionsniveau oder Begrifflichkeit
    - Kontrollplanung: didaktische Stationen: Festhalten der Ist-Werte durch Lernkontrollen
    - Verlaufsplanung: nach Festlegung aller Vorentscheidungen; Strukturierung der Abfolge der U-Phasen zusätzlich durch Zeiteinteilung

- **Unterrichtsplanung aus der Sicht der lernzielorientierten Didaktik:**
  - Entwicklung einer U-Einheit in drei Teilprozessen:
    - Lernplanung: Sammlung, Auswahl von Lernzielen; präzise Beschreibung (Operationalisierung) mit Angabe der Endverhaltensbeschreibung, Bedingungen, Beurteilungsmaßstab -> Richt-, Grob-, Feinziele; Einordnung in vorgegebene Einordnungsschemata (Lernzieltaxonomien): kognitiv, instrumentell, sozial, affektiv
    - Lernorganisation: Auswahl von Methoden und Medien
    - Lernkontrolle
  - Vorteile: Transparenz des gesamten U (auch für S), Kontrollierbarkeit, Effizienz
  - Kritik: nicht alle Lernziele sind operationalisierbar; Effizienz im Mittelpunkt
- **Unterrichtsplanung aus der Sicht der kritisch-kommunikativen Didaktik:**
  - Bemühen, die unterrichtlichen Kommunikationsprozesse kritisch zu hinterfragen und möglichst optimal zu gestalten → U-Planung als Prozess der Auseinandersetzung und Entscheidungsfindung: alle Betroffenen sind einzubeziehen:
    - S miteinander kooperierend beteiligen
    - Abnehmende Dominanz des L
    - Kooperation der L (Teamteaching, Projekt)
    - Eltern
  - Berücksichtigung gruppendynamischer Prozesse: Bedürfnisse der Teilnehmer, jeder kann sich äußern oder teilnehmen, wie er möchte
- **Unterrichtsplanung aus der Sicht der moderaten konstruktivistischen Didaktik:**
  z. B. offener U, schülerorientierter U, handlungsorientierter U, fächerübergreifender U, entdeckendes Lernen, exemplarisches und genetisches Lehren und Lernen
  - Offene U-Planung: geplante Ziele, Inhalte, Methoden, Medien sind offen und nicht festgeschrieben; braucht Begründung und Offenlegung gegenüber s, die mitplanen können; Reflexionsphasen erlauben Veränderungen → 3 Formen:
    - Planung durch L, der den vorbereiteten Plan der Klasse offen legt
    - Kooperative Planung unter Führung des L
    - Kooperative Planung vorbereitet durch Schülergruppe
  → U sollte erfahrungsoffen sein, d. h. S können Erfahrungen/Probleme aus Lebenswelt einbringen und untersuchen
  → Ergänzung zu bekannten Planungskonzepten
  → wichtig: Berücksichtigung und Nutzung des Vorwissens der S -> erst dann anspruchsvolles Denken möglich
  → große Bedeutung der individuellen Hypothesenbildung und möglichen Lösungsstrategien: Schaffung anwendbaren Wissens und Transfereffekte -> Evaluation des Lernerfolgs: Beurteilung individueller Lernschritte und eigener Lernstrategien

10.2 Stufen der Unterrichtsplanung

- Bildungspolitische Programme und Lehrplan: verbindlich; Ziele und Inhalte der einzelnen Schularten; Feststellung des Lernerfolgs erfolgt am Lehrplan
- Jahres- bzw. Halbjahresplanung (= Perspektivplanung oder langfristige Planung): Entscheidungen des L sind auf vorhergehende Stufen zu beziehen; did. Funktion: schriftl. Absicherung der zu bearbeitenden Ziele, Inhalte, Themen für eine Schuljahr ohne genaue Angabe einzelner Schulwochen; Wünsche der S berücksichtigen; Querverbindungen zu einzelnen Fächern
- Planung einer Unterrichtsreihe/-sequenz (= Umrissplanung oder mittelfristige Planung): einzelne Lernziele zu Grobzielen, Methoden-/Medienplanung -> Projekt, Exkursion, Experiment etc.; praktische Vorbereitung (Hausaufgaben, Prüfungen)
- Planung einer Unterrichtseinheit (= Planung einer Unterrichtsstunde oder Doppelstunde): sämtliche Dimensionen umfassend; beachte: U-Möglichkeit, nicht U-Wirklichkeit! -> Planungskorrekturen sind immer möglich -> Alternativen sollten für einzelne Situationen geplant und festgehalten werden

<u>10.3 Dimensionen der Unterrichtsplanung – Bsp.: Planung einer Unterrichtseinheit</u>
→ vgl. lehr-/lerntheoretisches Modell der Berliner und Hamburger Schule
- **Sachanalyse**:
  - o Fachwissenschaftliche Sachanalyse: Erfassen der Sachlogik der zu vermittelnden Inhalte: Gliederung in:
    - Bestimmung des Ziels
    - Materialsammlung im Hinblick auf die Zielsetzung
    - Kenntniserwerb
    - Erschließung der Sachstruktur (aus fachwissenschaftl. Sicht)
  - o didaktische Sachanalyse (= unterrichtsnah):
    - begründete Auswahl von U-Inhalten und deren Strukturierung im Hinblick auf U-Ziel
    - Gesichtspunkte zur Ermittlung der Sachstruktur geograph. U-Inhalte:
      - Regionalgeographische vs. allgemeingeographische Merkmale
      - Physiogeographische vs. anthopogeographische Elemente
      - nach einzelnen Strukturelementen innerhalb der Physiogeographie
      - nach einzelnen Strukturelementen innerhalb der Anthropogeographie
      - nach Betrachtungsweisen der Geographie, z. B. physiognomisch/formal, kausal-funktional, zeitlich/prozessual
      - nach geographischen und fachübergreifenden Aspekten
      - nach historischem Entstehungsprozess (früher vs. heute)
      - nach Maßstabsebenen (lokal bis global)
    - Darstellung des Ergebnisses der Analyse:
      - Stichwortartige tabellarische Übersicht
      - Strukturdiagramm
      - Kurzer, strukturierter Text
    - Darstellungsort im schriftl. U-Entwurf:
      - Didaktische Analyse: „Einsehbarkeit der Struktur"
      - Sachanalyse
    - Soll sich auf für U-Stunde wesentlichen Inhalte beschränken und nicht umfassende fachwissenschaftliche Kompetenz demonstrieren
- **Didaktische Analyse**:
  - o Begriff und Grundfragen: Ergebnisse der didaktischen Analyse beeinflussen die Entscheidung, ob der jeweilige Bildungsinhalt Gegenstand des U wird und wie er aufzuarbeiten ist → Grundfragen:
    - Vorgaben in Richtlinien und Lehrplänen
    - Ziele des U
    - Auswahl und Strukturierung des U-Inhalts
    - Begründung der U-Ziele und –Inhalte
    - Zugänglichkeit des Inhalts für S
    - Teilziele, Methoden, Medien
  - → Kriterien zur Kennzeichnung unterrichtsrelevanter Lerngegenstände:
  - o Gesellschaftsrelevanz:
    - Lehrplanbezug
    - Gegenwartsbedeutung des U-Inhaltes
    - Zukunftsbedeutung des U-Inhaltes
    - Gewinnung von methodischen Fähigkeiten und Fertigkeiten und Problemlösungsverfahren
    - Eignung des Inhalts zur Erreichung sozialer Lernziele
    - Möglichkeiten des Themas zur Ansprache von Gefühlen/Emotionen
    - Gewinnung von Kriterien zur Bewertung, zum Abbau von Vorurteilen etc.
  - o Schülerrelevanz:
    - Anthropologisch-psychologische Voraussetzungen des U bei S: Wissen, Können, Einstellungen, Interesse, Lernbereitschaft, -fähigkeit, -bedürfnis

- Anthropologisch-psychologische Voraussetzungen des U bei L: Einstellung zum Lerninhalt, Lehrfähigkeit, Lehrstil, Lehrbereitschaft
  - Soziokulturelle Voraussetzungen des U:
    - sozioökonomisch: materielle Ausstattung der Schule und des L
    - sozioökologisch: Umwelt
    - soziokulturell: Tradition, soziales Milieu, religiöse Einflüsse etc.
  - Zugänglichkeit des U-Inhalts für S: Ist Inhalt erfassbar? Welche Möglichkeiten gibt es, ihn „fragwürdig" zu machen?
  - Fachrelevanz (inkl. Einsehbarkeit der Struktur): fachliche Repräsentanzeigenschaften:
    - Exemplarität des U-Inhalts
    - Problemeigenschaften des U-Inhalts: Sind besondere Fähigkeiten für Problemlösungsverfahren zu gewinnen?
    - Fächerübergreifende Eigenschaften des U-Inhalts
    - Fachmethodische Eigenschaften: Welche Methoden lassen sich erlernen, üben, übertragen?
  - → nicht jeder Punkt muss bei U-Entwurf berücksichtigt werden!
- **Lernzielanalyse**:
  - Aufgabe: anzustrebende Lernziele herausfiltern und das Ergebnis in Form eines Kataloges von Lernzielbeschreibungen festhalten
  - Schritte:
    - Orientierung an allgemeinen schul- und bildungsspeziellen Zielen des Faches für das Schuljahr (Richtziele)
    - Aufteilung der Richtziele im Sinne d. mittelfristigen U-Planung (Grobziele)
    - Planung von Fein- und Teilzielen für einzelne U-Stunden
    - Überprüfung der erreichten Ziele nach Ablauf der U-Stunde (Lernzielkontrolle)
  - Lernzielformulierung/-operationalisierung:
    - Sinn:
      - Schärfen Blick für methodische Gestaltung des U (Was müssen L und S tun, welche Medien und Sozialformen?)
      - Bessere Überprüfung des Erfolgs
      - Schutz, den Inhalt nur als Selbstzweck zu begreifen, ohne über Bedeutung für S nachzudenken
    - Kognitive Lernziele:
      - Inhaltskomponente
      - Verhaltenskomponente (Umgang mit Lerninhalt)
      - Bedingungskomponente (Bedingungen, unter denen das Verhalten des S kontrolliert werden soll, z. B. Zeit, Medium)
      - (Bewertungsmaßstab: selten genau und sinnvoll formulierbar)
    - Nicht alle Lernzielbereiche operationalisierbar, z. B. Kreativität, Selbstbestimmung
  - Abfolge der Teilziele:
    - Hierarchisierung der LZ: Ziel der U-Reihe – Ziel der U-Einheit – Ziel der U-Stunde – Teilziele der U-Stunde
    - Unterteilung nach LZ-Dimensionen (nur Schwerpunktsetzung): kognitiv, instrumental, affektiv, sozial, aktional
    - Ordnung nach Reihenfolge der Stundenchronologie; i. d. R. nach Schwierigkeits-/Komplexitätsgrad
    - Übereinstimmen mit Struktur des U-Inhalts
  - → kognitive LZ überwiegen, da die anderen sich nicht so leicht operationalisieren lassen und i. d. R. nicht direkt in eine inhaltliche Lernsequenz einzuordnen sind
- **Methodische Analyse**:
  - Definition, Entscheidungsbereiche, Vorgehensweisen: Medien als Teilaspekt; keine Beschreibung der einzelnen Phasen; wichtig: argumentative Darstellung (Be-

gründungszusammenhänge) → Vorgehen: Verlaufsstrukturen des U folgen, einzelne Artikulationsstufen und Teilabschnitte darstellen; wenn möglich untersch. methodische Möglichkeiten aufzeigen und begründen

- o Methodische Großformen: „normaler" Fach-U, Exkursion, Projekt, Freiarbeit...
- o Verlaufsformen des U: Einstieg, Erarbeitung, Sicherung, Anwendung -> in U-Einheit sicher vorhanden → Problem: Gefahr der formalisierten Gängelung
- o Sozialformen des U: abhängig von Zielen, Medien, sonstigen Methoden
  - Plenums-U: v. a. in Einstieg (Hypothesenbildung, mögliche Lösungsstrategien), Sicherung, Anwendung; Einführung/Übung instrumentaler LZ; Vermittlung kognitiver, affektiver LZ
  - Gruppenarbeit: didaktisch am höchsten eingeschätzt: kognitive, soziale LZ
  - Partnerarbeit: aus organisatorischen, zeitökonomischen, sozialpsychologischen Gründen evtl. effektiver als Gruppenarbeit; Problem: Übergang zu Plenums-U
  - Einzelarbeit: v. a. Lesen, Strukturieren, Interpretieren, referierendes Zusammenfassen, Förderung subjektiven Erlebens, individueller Bewertung; Sicherung, Lernkontrolle (!)
- o Aktionsformen des U:
  - Darbietend: schnelle Vermittlung kognitiver LZ (verbal, non-verbal), instrumentale LZ
  - Erarbeitend: affektive (fragend-gelenkt, impulssetzend), instrumentale LZ
  - Entdeckenlassend: v. a. soziale LZ; mit Vorkenntnissen instrumentale LZ
- o Organisationsformen der U-Inhalte:
  - Induktive Methode: Beobachtung, Beschreibung von geographischen Erscheinungen -> mit anschaulichen Medien in darbietender und erarbeitender Aktionsform im Plenums-U → Erklärung für beobachtete Fakten durch Hypothesenbildung → Verallgemeinerung/Gesetz
  - Deduktive Methode: Anwendung allgemeiner Regelhaftigkeiten auf unbekannte Einzelfälle; v. a. in höheren Jahrgangsstufen
  - Im U mehr kombiniertes Verfahren einsetzen: nach Problemstellung Hypothesen, Vorkenntnisse und Erwartungen der S abrufen -> überprüfen
  - Idiographische Methode: Bearbeitung einer räumlichen Einheit -> Einmaligkeit des Beispiels → Vergleich mit anderen Sachverhalten
  - Nomothetisches Verfahren: kontrastierender Vergleich; allg. Gesetzmäßigkeiten und Regeln; v. a. Anwendung, Transfer
- o Einsatz von Medien: vgl. Auswahlkriterien; Abstimmung auf Sozial-/Aktionsformen; Orientierung an methodischen Prinzipien (abstrakt vs. anschaulich); begründeter Medienwechsel (Mediendramaturgie)
- o Berücksichtigung der methodischen Prinzipien:
  - Realbegegnung
  - Anschauung: vom Anschaulichen zum Abstrakten
  - Heimatbezug: wichtig, da Nahraum in Gegenwart und Zukunft der wichtigste Aktionsraum → Raumkompetenz
  - Selbsttätigkeit
  - Aktualität: v. a. bei Auswahl aktueller Massenmedien
  - Strukturierung: betrifft Lernzielsequenzierung, Tafelbild, Arbeitsblätter → erleichtert Lern-, Behaltenseffekt
  - Interdisziplinarität: v. a. in methodischen Großformen → Kenntnisse der jeweiligen Fachlehrpläne der Nachbarfächer erforderlich
  - Globales Lernen
  - Umwelterziehung, interkulturelles Lernen
- **Prozess-, Verlaufsplanung**: hier: unterrichtliche Erarbeitung neuer Themen-, Problemstellungen -> nicht auf Übungs-, Wiederholungs-, Überprüfungsstunden anwendbar
  - o **Einstiegsphase**:
    - Funktionen: v. a. kognitiv
      - Fragehaltung bei S hervorrufen, Interesse am Thema wecken

- Problemstellung anbahnen
- Über Thema und Verlauf informieren
- Vorhandene Kenntnisse, Vorurteile der S aufdecken
- Andere Zielbereiche:
  - Lust am Lösen von Aufgaben wecken
  - Verantwortungsbereitschaft der S für das, was sie lernen wollen, wecken
  - Erfolgreiche, effektive und regelgeleitete Zusammenarbeit hervorrufen und fördern
- → 4 Typen von Einstiegen:
- Problematisierender Einstieg: bei zielbezogener Problem- und zentraler Fragestellung: Karikatur, Rätsel, Witz, Kontrastmedien -> Provokation
- Thematisierender Einstieg: originale Gegenstände, Rätsel, Witz, Interview, Reportage, L-Erzählung
- Informierender Einstieg: Stundenziel, geplanten Ablauf bekannt machen -> kritisierbar, veränderbar, überprüfbar (= tradit. Vermittlungsdidaktik)
- Vorkenntnis-mobilisierender Einstieg: Befragung der S, freies U-Gespräch, Moderationsmethode, Rollenspiel, Mind Mapping, Brainstorming

→ gelungener Einstieg: intensiver Bezug zwischen geplantem Inhalt und den Interessen, Alltagsbewusstsein, Erfahrungen, zukünftiger Lebenspraxis → handelnden Umgang mit neuem Thema ermöglichen, zu zentralem Aspekt hinführen

- o **Erarbeitungsphase**:
  - Vorbereitender Bereich der Erarbeitungsphase:
    - Problem-/Themenstellung/Zielangabe
    - Lokalisation/topographische Einordnung des Lerngegenstandes
    - Auflösung des Problems/Themas in Teilprobleme/-themen
    - Hypothesenbildung/spontane S-Äußerungen zum Thema
    - Lösungsstrategien
  - Funktion der eigentlichen Erarbeitungsphase:
    - Aufbau von Sachkompetenz durch möglichst selbstständige Einarbeitung
    - Methodenkompetenz durch Einübung von Arbeitstechniken, Organisations-, Reflexionsroutinen
    - Soziale und kommunikative Kompetenz durch Einübung in gemeinsames Arbeiten
    - Emotionale (Moral-) Kompetenz
  - Berücksichtigung der methodischen Prinzipien wichtig zum Erreichen der LZ -> sinnvolle Methoden-, Mediendramaturgie, Steigerung des Schwierigkeitsgrads, ausgewogenes Verhältnis von lehrgangsmäßig geordneten und handlungsorientierten U-Phasen
  - Unterbrechung durch Teilzielsicherung möglich
- o **Sicherungs- und Anwendungsphase**: affektive und soziale Ergebnisse bleiben unbeachtet
  - Protokollierung und Dokumentation der Ergebnisse: i. d. R. schriftliche Sicherung der Teilziele in Erarbeitungsphase -> zusammenfassende Protokollierung und Dokumentation des U-Ergebnisses zu Beginn der Sicherungsphase
  - Durcharbeiten der Ergebnisse: Wiederholung des Lernwegs, Einsicht in Struktur des Gelernten
  - Übung und Wiederholung der Ergebnisse: Vorbereiten der Übung des Gesicherten durch Protokollieren und Durcharbeiten der Ergebnisse, v. a. kognitive, instrumentale LZ → Erfolgsabhängigkeit:
    - Motivierung
    - Selbsttätigkeit
    - Strukturierung

- Vernetzendes Denken
- Wiederholung (in kurzen und regelmäßigen Abständen)
- Anschaulichkeit (versch. Wahrnehmungskanäle)
  - Anwendung und Vertiefung:
    - Arten des Transfers:
      - Räumlich (= horizontal): bei Nahraumthemen Fenster in die Welt öffnen (globale Erziehung); Vergleiche verschiedener regionaler Phänomene -> allg. Erkenntnisse
      - Inhaltlich-kognitiv: v. a. Erarbeitungsphase; Übertragen wichtiger Erkenntnisse, die an einem Inhalt gewonnen wurden, auf einen anderen Themenbereich -> kausale Beziehungen, funktionale Zusammenhänge zw. versch. Faktoren
      - Methodisch: v. a. Erarbeitungsphase; Umsetzung von anhand eines Mediums gewonnenen Informationen in ein anderes Medium; Übertragen instrumentaler Fähigkeiten auf anderes Beispiel
      - Aktional: Übertragung und Anwendung von Erkenntnissen auf eigene Lebenssituation; v. a. Umwelt-, interkulturelle Erziehung
    - Transferfördernde Maßnahmen: Einsatz strukturierender Medien (z. B. thematische Karten, Satellitenbilder), spielerische und entdeckende Verfahren in Partner- und Gruppenarbeit
  - Kritische Bewertung der Ergebnisse und Vorgehensweise: „Klassenöffentlichkeit": demokratische Kontrolle von Planungs-, Mitbestimmungs- und Arbeitsprozessen
- **Kontrollphase**:
  - Stundenübergreifend: Klassenarbeiten, Referate, spezielle Formen (Exkursionsbericht, Sammlung von Materialien, Facharbeit), die einer Vorbereitung über einen längeren Zeitraum bedürfen
  - Stundenimmanent: Lernkontrollen, die in einer einzelnen U-Stunde eingebracht werden
    - Zu Beginn des U: schriftlich oder mündlich -> Wiederholung, unterrichtsvorbereitende Ermittlung von Lernvoraussetzungen
    - In Erarbeitungsphase: Unterrichtsbeiträge
    - In Schlussphase: Feststellung des Lernstands durch Kurzzusammenfassungen, Bewältigung von Übungsaufgaben
- **Unterrichtsentwurf**:
  - Unterrichts-/Verlaufs-/Planungsskizze: schematische Darstellung des geplanten U-Verlaufs
    - Diachrone Strukturierung: Abfolgeordnung vorgesehener didaktischer Maßnahmen, Anordnung und Abgrenzung von Phasen und Schritten zu einer Verlaufsstruktur → Dimensionen:
      - Phasen
      - Zeit: nicht zu minutiös, zu exakte Zeitangaben lassen sich nur im starren lehrerzentrierten Unterrichtsstil einhalten
    - Synchrone Strukturierung: Abstimmung der gleichzeitigen didaktischen Maßnahmen → Entscheidungsfelder:
      - Lernziele
      - Inhalte (Trennung von Lernzielen in theoretischer didaktischer Diskussion eingebürgert)
      - Medien; auch Medienträger
      - Methoden: Aktionsform (Wer soll Was tun?); Sozialform (Einzel-, Partner-, Gruppenarbeit)

- **Hausaufgaben**:
  - Kritik an der Hausaufgabenpraxis:
    - Aus medizinischer Sicht: S physisch und psychisch stark belastet
    - Durch Einschränkung der Freizeit werden die individuellen Interessen der S blockiert und das Familienleben gestört
    - Zu oft Mithilfe der Eltern oder Nachhilfeunterricht erforderlich
    - Meist einseitige Übungs- und Wiederholungsaufgaben: kaum Kreativität, Spontaneität
    - Zu wenig in U integriert, da Zeitverlust
    - Von S oft als bloße Beschäftigung oder Strafe angesehen -> negative Arbeitshaltung
    → Lustlosigkeit, Abneigung, Übermüdung, Bewegungsarmut, Stresssymptome, Nervosität, Spannungen innerhalb der Familie
    → da Ineffektivität der HA noch nicht nachgewiesen: These: sinnvoll gestellte HA kann Lernprozess unterstützen
  - Funktion der Hausaufgaben:
    - Vorbereitung, Sicherung, Ausweitung, Vertiefung und Anwendung unterrichtlicher Lernergebnisse: v. a. kognitive, instrumentale LZ
    - Erziehung zum selbstständigen Lernen: Suche nach Lösungswegen
    - Lernkontrolle
    - Erziehung zur Kooperations- und Kommunikationsfähigkeit: Interaktionsprozesse zwischen E und S bzw. Schule; zwischen S und S
    - Information der E: über Ziele, Inhalte, Methoden, Medien und Anforderungen, Lernfortschritte, -leistungen, -schwierigkeiten
    → traditionelle Funktionen, die heute z. T. verboten werden:
    - Disziplinierung: z. B. Strafarbeit (verboten)
    - Beschäftigung
    - Entlastung des U
    - Legitimation: HA als pädagogische Pflichterfüllung Kindern gegenüber
    - Selektion: Qualität der HA-Leistungen unterschiedlich gewertet
  - Ansätze zur Verbesserung der Hausaufgabengestaltung:
    - HA als integrativer Bestandteil des Lernprozesses: Sinn und Zweck sollen vom S verstanden und eingesehen werden
    - HA können differenzierend gestellt werden: nach Umfang, Schwierigkeit, methodischen Verfahren, Lerninteresse, Neigung -> jeder S soll mit seinen bereits erworbenen Kenntnissen und Fähigkeiten HA selbstständig bearbeiten können
    - HA sollten durch Methoden- und Medienvielfalt gekennzeichnet sein: nicht nur nachbereitende, sondern auch vorbereitende HA
    - HA müssen immer kontrolliert werden: Beachtung der S-Leistung; Erfolgserlebnisse auslösen
    - Dauer der HA muss altersgemäß sein: Absprache mit Kollegen notwendig
  - Hauptformen von Hausaufgaben: Klassifikation
    - nach Bezug zur jeweiligen U-Einheit: nach-, vorbereitend
    - nach dem Grad der Differenzierung
    - nach der Dauer: kurzfristig (von einer zur nächsten Stunde), längerfristig
    - nach den verwendeten Medien: schriftlich, mündlich, Anfertigung/Auswertung verschiedener Medien
    - nach der didaktischen Funktion im U: Wecken von Interesse, Sammeln von Informationen, Erziehung zu selbstständigem Lernen, Übung, Anwendung, Übertragung, Lernkontrolle

<u>10.4 Unterrichtsanalyse und –beurteilung</u>

- **Ziele und Aspekte der Unterrichtsanalyse**: Feststellung, ob und inwieweit vorange-
gangene Planung realisiert wurde, Ursachenforschung
  - o Bildungstheoretische Position: Auseinandersetzung der S mit gesellschaftlich relevanten Inhalten, U als Bildungsprozess -> Inhalts-, Denkstrukturen zentral
  - o Unterrichtstechnologische Position: U als Handlungszusammenhang mit optimaler Wissens- und Kompetenzvermittlung -> Gestaltung der L-S-Interaktion, Sozialverhalten des L als zentrale Ursache für Lernerfolg
  - o Lehr-/lerntheoretische Didaktik: sämtliche Aspekte des Modells der U-Planung
  - o Konstruktivistische Didaktik: Lebensbezüge, wenig „Fertigwissen"
  - → allgemein folgende Aspekte unterrichtlicher Vermittlung und/oder auf der Interde-
pendenz dieser Aspekte:
  - o Einbettung des U in Gesamtzusammenhang einer U-Reihe und des Lehrplans
  - o Adressatengemäße, gesellschaftsrelevante, wissenschaftlich einwandfreie didaktische Reduktion des Lerninhalts
  - o Abfolge der Teilziele und Strukturierung der U-Inhalte
  - o Abfolge der unterrichtlichen Artikulation
  - o Zeitliche Strukturierung des U
  - o Angemessenheit und Dramaturgie von Methoden- und Medieneinsatz
  - o Beteiligte Personen (Verhalten von L, S, Klasse)
  - o Berücksichtigung der Prinzipien der Motivierung, Differenzierung etc.
- **Phasen der Unterrichtsanalyse**:
  - o Beobachtung:
    - ▪ Selbstbeobachtung: nicht sehr exakt, da eigtl. mit U beschäftigt, meist e-
her zufällig gewonnene Eindrücke
    - ▪ Fremdbeobachtung
  - o Dokumentation: Videoaufnahmen, Tonbandaufnahmen, Schriftliche Aufzeichnun-
gen, Kombination der Verfahren
  - o Interpretation: Selbstreflexion („Meta-Unterricht"); Fremdreflexion
- **Unterrichtsbeurteilung**:
  - o über Gesamtverlauf: Gliederung in Planung des U (schriftlicher Entwurf, organisa-
torisch-praktische Vorbereitung) und Durchführung des U
  - o über Teilaspekte
  - o Problematik der Beurteilung: Objektivität der Datenerfassung, -interpretation ->
Ratingskalen
  - o Kombination aus Selbst- und Fremdbeurteilung am besten

<u>10.5 Unterrichtsforschung</u>

- Erscheinungen schulischen Unterrichts möglichst vorurteilsfrei
  - o systematisch beobachten und beschreiben
  - o analysieren und interpretieren
  - o kritisch begleiten und Erkenntnisse reflektieren
- Integration qualitativer und quantitativer Methoden
- Problemfelder:
  - o Feststellung von S-Interessen und –Einstellungen
  - o Entwicklung von kindlichen Raumvorstellungen
  - o Strukturierung der U-Inhalte
  - o Interaktionen zwischen S und L, Motivation im Lernprozess
  - o Globale Erziehung, Interkulturelle Erziehung
  - o Umwelterziehung
  - o Effektivität des Medien-, Methodeneinsatzes
  - o Zusammenwirken verschiedenster Einzelfaktoren in der U-Praxis